制造业高端技术系列

机器视觉精密测量技术与应用

赵文辉　王　宁　支　珊　赵文珍

段振云　张　静　林海波　赵　萍　　著

U0279853

机械工业出版社

机器视觉及相关产业近年来逐渐兴起，大大提高了大批量产品的检测精度与检测速度。本书聚焦机器视觉精密测量技术，主要内容包括机器视觉精密测量系统的构建、机器视觉测量坐标系的建立、机器视觉测量系统的标定与补偿、微米级亚像素边缘定位算法等关键核心技术。同时，作者将课题组十几年的实战经验毫无保留地分享给从业者与在校师生，详细论述了中小模数直齿圆柱齿轮的齿距偏差、齿廓偏差，以及齿轮泵中间体、机油泵零件和磨削样板等 2D 零件的机器视觉检测方案与详细实施过程。

本书适合检测、机械电子、自动化等专业的高校师生学习，也可供从事机器视觉精密测量的工程技术人员参考。

图书在版编目（CIP）数据

机器视觉精密测量技术与应用/赵文辉等著. —北京：机械工业出版社，2020.9（2024.5 重印）

（制造业高端技术系列）

ISBN 978-7-111-66498-7

Ⅰ.①机⋯　Ⅱ.①赵⋯　Ⅲ.①计算机视觉-精密测量　Ⅳ.①TP302.7

中国版本图书馆 CIP 数据核字（2020）第 169581 号

机械工业出版社（北京市百万庄大街 22 号　邮政编码 100037）

策划编辑：雷云辉　责任编辑：雷云辉
责任校对：梁　倩　封面设计：马精明
责任印制：刘　媛
涿州市般润文化传播有限公司印刷
2024 年 5 月第 1 版第 6 次印刷
169mm×239mm · 7.75 印张 · 158 千字
标准书号：ISBN 978-7-111-66498-7
定价：49.00 元

电话服务　　　　　　　　　　网络服务
客服电话：010-88361066　　　机 工 官 网：www.cmpbook.com
　　　　　010-88379833　　　机 工 官 博：weibo.com/cmp1952
　　　　　010-68326294　　　金 书 网：www.golden-book.com
封底无防伪标均为盗版　　　　机工教育服务网：www.cmpedu.com

前　言

视觉是人类最重要的感知方式，通过视觉观察可获取大量的信息，通过对获取的信息进行处理并做出判断，可实现与外界环境的交互。模仿人类的视觉观察方式，产生了机器视觉这一研究分支。一个典型的工业机器视觉系统包括光源、镜头、相机、图像处理单元、图像处理软件、通信、输入输出单元和伺服运动机构等。通过光学装置和传感器可对客观世界的三维场景进行感知，获取物体的数字图像，并利用计算机或者芯片，结合专门的软件模拟大脑的判断准则，从而对所获取的数字图像进行测量和判断。机器视觉是一门综合了计算机、图像处理、传感器、机械工程、光源照明以及光学成像等学科的前沿技术。从应用学科划分，机器视觉是一门涉及人工智能、计算机科学、图像处理、模式识别等多个领域的交叉学科。

在传统的尺寸测量中，典型的方法是利用卡尺或千分尺在被测工件上针对某个参数进行多次测量后取平均值。这些检测设备或检测手段测量速度慢、测量精度低、测量数据无法及时处理，无法满足大规模自动化生产的需要。基于机器视觉技术的尺寸测量方法具有速度快、精度高、劳动强度低等优点，可以有效地解决传统检测方法存在的问题。在自动化制造行业中，机器视觉技术不但可以获取在线产品的尺寸参数，同时还可对产品做出在线实时判定和分拣，应用十分普遍。

伴随着计算机技术、人工智能技术以及其他高新技术的飞速发展和不断普及，机器视觉精密测量技术发展迅猛。本书聚焦机器视觉精密测量技术，主要内容包括机器视觉精密测量系统的构建、机器视觉测量坐标系的建立、机器视觉测量系统的标定与补偿、背光图像边缘模型、微米级亚像素边缘定位算法等关键核心技术。同时，作者将课题组十几年的实战经验毫无保留地分享给从业者与在校学生，详细论述了中小模数直齿圆柱齿轮的齿距偏差、齿廓偏差以及齿轮泵中间体、机油泵零件和磨削样板等 2D 零件的机器视觉检测方案与详细实施过程。兼顾系统理论与实际可操作性，对机器视觉精密测量行业从业者与相关专业在校学生具有很高的参考价值。

本书由赵文辉、王宁、支珊、赵文珍、段振云、张静、林海波、赵萍著，感谢课题组其他老师与同学的帮助，感谢机械工业出版社给予我们这个宝贵的机会。本书参考了一些前人的研究成果，在此也一并表示感谢。

由于作者水平有限，书中不足之处在所难免，敬请读者批评指正。

目　录

第1章

绪　　论

1.1　机器视觉

视觉是人类和动物最重要的一种感知方式，通过视觉观察可以获取大量的信息，通过对获取的信息进行处理，可以在无接触的情况下做出判断，与外界环境实现智能交互。模仿人类和动物的视觉观察方式，现代工业产生了机器视觉这一研究分支。机器视觉又称计算机视觉，它是指将图像信号转换成数字信号并利用计算机对其进行处理的技术。随着现代社会发展、生活方式转变以及工业生产的发展需要，机器越来越像人类，能识别和认知，进而做出判断和深度学习，在这一背景下，机器视觉技术发展十分迅猛。机器视觉技术可以让计算机模仿人类对图片和视频资料进行信息提取。时至今日，机器视觉技术已经渗透到我们生活的方方面面，从手机中的美颜相机到支付宝刷脸支付，从火车站和飞机场的刷脸进站到超市储物柜的人脸识别等。机器视觉不仅应用于日常生活，在工业机器人避障和精密测量仪器研发等方面都有它的身影。

1.1.1　机器视觉理论框架的建立

人类视觉器官经过亿万年的生物进化已经达到非常完美的程度，而我们对它的认识却非常有限。20世纪70年代末，麻省理工学院的马尔教授创立了视觉计算理论，使视觉的研究前进了一大步。马尔首先解决了研究视觉理论的策略问题，他认为视觉是一个复杂的信息处理问题，要完整地理解视觉，必须从三个不同的层次上对它进行解释。

第一个层次是信息处理问题的计算理论，这个层次所研究的是对什么信息进行计算和为什么要进行这些计算；第二个层次是表示与算法，该层次研究如何完成所要求的计算，即与所研究的信息设计相应的算法；第三个层次是执行，它研究完成某一特定算法的具体机构。马尔根据上述理论创建了视觉理论的分层模型，如图

1

1-1 所示。该模型将视觉过程分为三个阶段，第一个阶段是对输入原始图像进行处理得到基元图，基元图主要用来描述图像的密度变化及其局部几何关系；第二个阶段是对场景进行 2.5 维图描述，即在以观测者为中心的坐标系中重建和恢复三维物体，但 2.5 维图包含的三维信息是不完整的、部分的，被遮挡或者物体重合等部分的信息不能恢复；第三个阶段是由原始图像、基元图和 2.5 维图分层次得到物体的完整描述，即三维模型，这种描述需要在某一固定坐标系下进行。

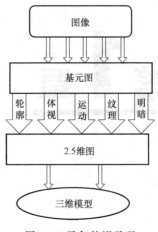

图 1-1　马尔的视觉理论分层模型

从计算理论这个层次来看，马尔教授提出视觉信息处理必须用三级内部表象加以描述。机器视觉可以看作从三维环境的图像中抽取、描述和解释信息的过程，它可以划分为六个主要部分：感觉、预处理、分割、描述、识别、解释。马尔教授的理论是计算机视觉研究领域划时代的成就，虽然不十分完善，但给了我们许多研究机器视觉的珍贵的哲学思想和研究方法，同时也给机器视觉研究领域带来了许多新的研究启示。

1.1.2　机器视觉系统的基本构成

机器视觉系统一般可以分为四个部分，分别为视觉传感器、图像采集系统、图像处理系统和计算机，如图 1-2 所示。

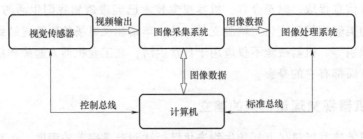

图 1-2　机器视觉系统的基本构成

机器视觉用机器代替人眼来进行测量和判断，即通过视觉传感器和图像采集系统，将目标的光线信号转换为图像模拟电信号，传送给专用的图像处理系统，再根据像素分布、亮度和颜色等信息，转变为数字信号。计算机对这些数字信号进行各种运算，以抽取目标的特征，进而获得相应的识别信息。机器视觉技术的研究范围包括图像采集、图像数字化、数字图像处理、数字图像分析、模式识别等内容。

机器视觉首先依靠视觉传感器将视频输出到图像采集系统，进而实现感知功能，然后将图像数据传输给图像处理系统转换为计算机可以接收和处理的数字图像信息。图像信息的处理和识别从逻辑上可分为三个层次：基础处理、特征提取、模式识别与理解。

基础处理的主要任务是提高图像质量，减少污点、噪声及各种影响因素的干扰，从而提高分析处理的准确性。图像的基础处理就是对原始图像进行噪声过滤、灰度校正、几何校正、图像增强和伪彩色处理等。

特征提取是为了从大量图像数据中，提取有利于图像识别和理解的主要特征量，用有限的特征来描述原始图像中的目标。图像的特征主要包括形状特征、纹理特征、结构特征和颜色特征等。特征的提取方法主要有区域分割、边缘检测和纹理分析等。

模式识别与理解是根据已有的特征参数，采用相应的识别匹配方法，完成对目标物的识别、分类或理解。模式识别的方法大致可分为统计决策法、模式结构法、模糊判决法和人工智能法。

1.1.3 机器视觉的应用

机器视觉技术近些年发展势头迅猛，已经广泛应用于医疗检测、人脸识别、交通、智能制造和精密测量等领域。相较于传统的识别与检测方法，机器视觉技术的有效应用，为机器增加了眼睛和大脑，提高了识别和检测的效率，在医疗技术、社会生活和视觉测量等方面做出了巨大贡献。

（1）医疗检测　目前，在医疗领域，机器视觉图像识别技术应用效果良好，实现较高科研价值的同时也表现出了一定的潜在商业价值，在临床医学检测、实验室检测、医疗器械检测等方面具有良好的发展前景。其中，在临床医学检测方面，图像识别技术与数字图像技术相结合，提升了医疗影像的分析效果，如核磁共振、X 射线等图像，医生可以结合图像分析结果获取更多的有效信息。放眼未来，医疗技术将与机器视觉技术及互联网技术进行更深度的融合，进而为医疗领域带来新的增长点，对医疗技术的发展起到积极的推动作用。

（2）人脸与车辆识别　在日常生活中，最常见的机器视觉技术应用就是人脸与车辆识别。人脸识别，是基于人的脸部特征信息进行身份识别的一种生物识别技术。用摄像机或摄像头采集含有人脸的图像或视频流，并自动在图像中检测和跟踪人脸，进而对检测到的人脸进行脸部识别的一系列相关技术，通常也叫作人像识别、面部识别。随着技术的日渐成熟，人脸识别设备已经大量安装于机场、火车站、超市、学校和居民住宅区等场所，人们可以通过"扫脸"的方式进行身份核验、完成支付。通过现有的监控设备，使用人脸识别技术可以锁定嫌疑人并确定其行踪，加快刑事案件的侦破。在交通领域，机器视觉技术主要应用在视频监测、交通管理和车辆自动驾驶等方面。在视频监测方面，通过采集交通信息和检测交通事件，对交通图像序列进行分析，进而检测出指定的行人和车辆，进行定位和跟踪。在交通管理方面，应用主要包括智能泊车、智能疏散交通等。在车辆自动驾驶方面，智能汽车借助机器视觉的图像识别技术实现路径识别和追踪以及障碍物检测等，进而保证自动驾驶的安全。

（3）机器视觉测量　传统测量方法的精度并不足以满足当前对测量精度的要求，为提高人工测量精度，普遍采用多次测量取近似值的测量方法，这样不仅浪费了大量的时间，并且测量出的数据仍旧达不到设计的要求。伴随着智能制造对检测技术要求的不断提高，机器视觉技术越来越多地应用在测量领域。机器视觉测量具有操作直观简便、抗干扰性强、精度高等特点，在工程领域得到了广泛应用。研发的各类视觉图像检测系统运用特殊技术，能够识别目标的特征，如面积、数量、位置、长度等，再根据各种预设和其他条件输出结果，包括尺寸、角度等，能够实现自动识别功能。

1.2　机器视觉精密测量

一般根据对测量结果的要求不同，可以把测量分为工程测量和精密测量。工程测量是指对测量误差要求不高的测量。在工程测量中，对测量设备和仪表的灵敏度和准确度要求比较低，对测量环境没有严格的规定，因此，测量结果只需给出测量值。精密测量则对测量的误差有较高要求，精密测量使用的设备和仪表应具有一定的灵敏度和准确度，其示值误差的大小需经计量检定或校准。精密测量一般需要进行多次测量，测得的数据通常不会完全一致，因此，往往需要基于测量误差的理论和方法，合理地估计其测量结果，包括最佳估计值及其分散性大小。有的场合，还需要根据约定的规范对测量仪表在额定工作条件和工作范围内的准确度指标是否合格做出合理判定。精密测量技术是精密工程领域研究的一项重要内容。计算机视觉方法因具有测量精度高、测量速度快等优点，在精密测量中应用广泛。

基于机器视觉的精密测量技术是一种基于图像采集、程序设计、数据处理等的关键技术，它广泛应用于各类测量领域，对测量的准确性有很好的保证。测量精度由系统硬件分辨率、系统标定精度和图像处理算法决定，而靠增加相机分辨率来提高测量系统精度的手段在经济和技术方面均有一定的局限性，因此高精度的系统标定方法和图像边缘定位算法对提高系统的测量精度具有重要意义。机器视觉精密测量，主要包括硬件和软件两个方面，其中硬件方面主要是指测量系统的设计，而软件方面是指系统标定方法和图像边缘定位算法。

获取高质量的测量图像，是实现机器视觉精密测量的重要前提。所谓高质量的图像是指能够真实地记录被测物体的结构、状态、纹理或颜色的图像。高质量的图像有利于图像分割、边缘提取。一般来说，一幅高质量的图像应满足下述条件：

1）被测物体的特征部位充满视场，这需要配合使用合适的镜头、选取恰当的工作距离及光源和相机共同实现。

2）对比度合适，即最大的灰度值要接近255，而最小的灰度值接近0，图像不失真。

3）焦距准确，目标成像清晰。

4）图像畸变小或无畸变。

边缘定位算法是决定视觉测量系统测量精度的关键因素之一，也是实现机器视觉测量的基础。高精度的边缘定位算法应具有定位精度高、抗噪性能好的优点，但由于图像在成像、数字化和传输过程中难免会产生噪声干扰，使灰度值发生变化，即使图像滤波可以消除噪声，仍会导致边缘在某种程度上的模糊，降低图像的质量。另外，由于光照和低通滤波的作用，图像原本阶梯状的边缘呈现平滑过渡，且灰度变化在一定的空间范围内通过"阶梯"逐步过渡，因此很难最佳地定位图像的边缘。基于上述原因，边缘定位一直是一个研究的热点问题。到目前为止，人们已经提出了很多类型的边缘定位算法。

（1）经典的边缘定位算法 边缘是指图像中像素点的灰度值发生明显变化的区域，其具有方向和幅值两个特性，沿边缘方向的灰度值变化平缓，而边缘法向的灰度值变化剧烈。因此，定义边缘为灰度梯度幅值的局部最大点，也就是二阶导数过零点的位置。

通常基于梯度运算的边缘定位算子也称为一阶微分算法，经典的一阶微分算子有：

1）Robert 算子：该算子简单直观，它是用局部差分来定位图像边缘，故又称为梯度交叉算子。Robert 算子定位垂直和水平边缘的效果优于斜向边缘，但抗噪性能差，适用于边缘特征显著且噪声较少的场合。

2）Sobel 算子：该算子由两个卷积核形成，它将局部平均和方向差分运算结合在一起进行边缘定位，具有平滑噪声的作用，通常用于对精度要求不高的场合。

3）Prewitt 算子：该算子与 Sobel 算子具有一定的相似性，只是平滑噪声时的权重不同，它对噪声较多的图像处理效果较好。

Laplacian 算子是一种常用的二阶微分边缘定位算子，其原理是利用二阶导数在边缘点处出现零交叉，该算子可以准确定位图像边缘，但对噪声敏感，且无法获取图像边缘方向信息。

最优算子是在微分算子的基础上发展起来的边缘定位算子，其代表为 LoG 算子和 Canny 算子。

LoG 算子：该算子又称拉普拉斯高斯算子，它首先对图像进行高斯滤波平滑，然后再运用拉普拉斯算子定位图像边缘。LoG 算子具有抗噪性能好，定位精度高，边缘连续性好等优点，但也存在区域边缘细节丢失的情况。

Canny 算子：该算子是一种比较实用的边缘定位算子，它首先采用高斯函数对图像进行平滑滤波以消除噪声；然后计算平滑图像中每个像素点的梯度和方向；接着对梯度进行非极大值抑制，细化边缘；最后用双阈值算法定位和连接边缘，高阈值用于获取每条边缘线段，低阈值用于对这些边缘进行连接。但由于阈值需要人为给定，不具有自适应能力，当阈值选择不当时，会出现提取的边缘不连续等情况。

（2）全局最优的边缘定位算法　这种算法最主要的特点是以全局最优的思想来实现边缘定位，其中具有代表性的是基于松弛技术的边缘定位算法。该算法是利用某种简单的边缘定位算子实现边缘初定位，再根据边缘点的信息相关性和一致性，以及噪声点的信息是随机且无规律的特点，在增加有规律边缘信息的同时，尽量消除无规律的噪声，并通过不断迭代进行反复修正和约束，最后使得迭代收敛于真实的边缘，实现以全局最优的观点定位边缘。但在实际应用过程中，由于噪声、畸变等因素的影响，仅仅基于局部灰度信息的边缘分类方法存在很大的模糊性，而利用被测物体边缘的空间分布信息，采用人工智能等手段可以进一步提高边缘定位精度。

（3）其他算法　随着技术的发展，人们不断将各项新技术应用到边缘定位领域。

图像的边缘具有多分辨率性是多尺度边缘定位算法的理论基础，而分辨率在滤波过程中表现为滤波尺度，即不同特征的边缘具有不同尺度。尺度是指滤波算子的尺寸，尺度越大，噪声平滑能力越强，但会造成边缘特征的丢失，尺度小则不能有效地抑制噪声。多尺度边缘定位算法就是为解决这两者之间的矛盾而产生的，其关键在于如何确定最佳滤波尺度和多尺度的综合。目前，还没有一种最优的多尺度组合方法可以准确地实现边缘定位，因此，该问题的深入研究仍然具有一定的价值。

基于数学形态学的边缘定位算法属于一种非线性滤波算法，它的基本原理是通过对目标图像的形态变换实现边缘特征的提取，其基本运算包括腐蚀、膨胀、开闭运算。腐蚀运算可以滤除噪声，并能够消除边缘上的毛刺；膨胀运算可以填充空洞，连接邻近边缘，平滑边界。该算法能够较好地保持图像的边缘特征，但缺陷是只能检测与结构元形式相同的边缘，算法的适应性较差。

基于神经网络的边缘定位算法是近年来边缘检测领域中的一个新的研究分支，其实质是将边缘定位过程看作边缘模式的识别过程，在算法上应用神经网络，实现图像边缘的定位。其中反向传播（Back Propagation，BP）神经网络由于具有结构简单、易于实现等优点，广泛应用于边缘定位算法中，但 BP 神经网络的收敛速度慢，稳定性差，边缘定位的重复性精度较低。

随着对测量要求的不断提高，像素级的边缘定位算法已经不能满足精密测量的需要，为此，人们提出了亚像素定位的概念。亚像素定位是指利用已知的目标特性，对图像进行处理分析，并采用浮点运算，确定与目标特征最吻合的位置，实现对目标优于整像素精度的定位。根据计算原理的不同，目前的亚像素边缘定位算法主要可分为以下三类：矩方法、拟合法和数字相关亚像素边缘定位法。矩方法是一种广泛应用的方法，它在进行亚像素边缘定位时利用的是一个物体的矩特性在成像前后保持不变的原理，这种方法抗噪性能好，但计算量较大。拟合法是将带有噪声的目标灰度或坐标按某种数学模型进行拟合，得到模型参数，实现目标的亚像素边缘定位，这种方法可以起到抑制噪声的作用，且定位精度较高，但前提是已知目标特性或假定其特性满足某种函数关系。数字相关亚像素边缘定位法则是根据互相关函数的相关特性来确定亚像素边缘位置，这种方法的精度主要取决于模板的建立、相关算法的选取和相关搜索策略。

1.3　机器视觉测量技术的发展

伴随着计算机技术、人工智能技术，以及其他高新技术的飞速发展和不断应用，机器视觉精密测量技术发展迅猛，广泛应用于各种工程技术领域。机器视觉测量技术集成和发展了各种先进科学技术，其主要优点包括：

1）机器视觉测量系统的测量结果是通过软件算法对被测物体的图像进行处理得到的，因此具有一定的智能性和灵活性，可以用于现代企业生产中。

2）机器视觉测量系统能够实现非接触性测量，满足生产过程实时测量的需求。

3）机器视觉测量系统的测量精度较高，可以满足企业的测量要求。

4）机器视觉测量便于将测量数据信息进行集成和管理。

在国外，机器视觉技术始于 20 世纪 50 年代，当时主要用于模式识别，如字符识别、工件表面的分析、显微图片和航空图片的分析及解释等。

20 世纪 60 年代，学者 Roberts 通过计算机程序，从数字图像中提取出诸如立方体、棱柱等多面体的三维结构，并对物体形状及物体的空间关系进行了描述。此项工作开创了以理解三维场景为目的的三维机器视觉的研究。此外，Roberts 对积木世界的创造性研究也给了人们很大的启发，人们相信，一旦由白色积木玩具组成的三维世界可以被理解，就可以推广到理解更为复杂的三维场景。此后，人们对积木世界进行了深入的研究，并建立了各种数据结构和推理规则。Roberts 发表的著名论文《三维物体的机器感知》，标志着机器视觉研究的时代正式开始。

到了 20 世纪 70 年代，已经出现了一些机器视觉应用系统。1973 年，美国国家科学基金会率先开展了机器人和机器视觉系统的相关工作，同时在普渡大学和斯坦福大学等的带领下成功研制了具有一定实用性的机器视觉系统，主要应用于精密电子产品装配、机械手定位、饮料罐装的检验、集成电路生产等场合，从此，美国成为现代意义上的机器视觉系统的开端国家。1977 年，该课题组率先提出了计算机视觉领域中极为重要的视觉理论。相同时期的日本也展开了大量研究，成功地将印制电路板的质量检测技术与机器视觉系统相结合。

20 世纪 80 年代，学者们掀起了机器视觉测量技术的研究热潮，1980 年，美国通用汽车公司成功地将计算机视觉技术引入汽车车身尺寸的实时在线测量中，同时建立了自动检测系统站。计算机视觉测量系统与传统的车身尺寸测量系统相比，具有非接触、速度快、在线测量与精度高等优点。1985 年，德国 M. A. N. 视觉测量技术中心将相移干涉法应用于物体的变形测量和振动分析中。1986 年，Breuck-mann 提出了一种新的相位测量轮廓技术，从而将机器视觉应用于三维形貌测量中。20 世纪 80 年代末期，日本大阪精密机械公司研发了基于光学全息原理的非接触齿面分析机 FS-35，齿轮非接触测量法的序幕正式拉开，该仪器虽然不能测量大螺旋角齿轮，但是能够一次快速测量出全齿面的形状误差；日本 AMTEC 公司提出了基于激光全息技术进行齿轮非接触测量的方法；日本松下电器产业公司开发了超精密三维测量仪，其特点是采用了原子力测头；日本三丰公司研发出了先进的在线三坐标测量机、拥有 CNC 视像测量系统系列产品中的 SV350-pro 型测量机；索尼精密工程公司研制出了非接触形状测量机 YP20/21。

20 世纪 90 年代，迅猛发展的硬件技术为机器视觉系统的广泛使用提供了坚实的基础条件。多样化的新理论、新概念与新方法为机器视觉测量技术的发展提供了强有力的技术支撑。市场潜在的巨大需求也为机器视觉测量技术的进步提供了巨大的动力。

到 2001 年，D. Kosmopoulos 等研制出了一个自动测量间隙的机器视觉检测系统，该系统可以同时测量车身与装在其上的各种覆盖件（包括门、发动机罩等）之间的间隙尺寸，且保证有效测量误差小于 0.1mm，一辆车主要间隙的检测时间少于 15s。2012 年，Schneider Dorian 等人采用机器视觉测量技术进行工业产品内部缺陷的检测，通过提取产品的形状特征，实现了缺陷的精密检测和分类。2015 年，Kumar B. M. 等人利用机器视觉技术实现了高速旋转工件表面粗糙度的非接触测量，提高了工作效率。

20 世纪 80 年代初期，我国开始进行机器视觉系统的研究，其发展历程分为以下三个阶段：

第一个阶段，20 世纪 90 年代以前，图像处理技术与模式识别技术刚刚传入国内，极少数高校学者和科研人员对其展开了研究。迈入 20 世纪 90 年代，随着市场经济的发展，很多科研人员看到了机器视觉技术的商机，相继成立了机器视觉软件研发公司，并成功研制出了多款图像处理软件，填补了国内在此领域的空白，例如一些简单的图像处理软件库和基于工业标准体系结构（Industry Standard Architecture, ISA）总线的灰度级图像采集卡。从实验研究到市场推广标志着我国的图像处理和分析工作的开端。

第二个阶段，20 世纪 90 年代后期，很多中国香港和中国台湾投资商发现中国大陆科技市场具有巨大潜力，在东南沿海和上海等地投资兴办了很多半导体和电子工厂，并将整套机器视觉检测生产流水线以及与机器视觉相关的高端装备引入中国大陆。发现潜在市场的中国大陆制造商开始研发具有自主知识产权的机器视觉检测设备。随着技术的发展，机器视觉技术被广泛地应用到汽车、食品、包装等行业中。1996 年，段发阶等人将机器视觉测量技术应用于拔丝模孔形的全自动测量，采用开发的机器视觉测量系统测量硅胶凸模，从而反映被检测拔丝模的尺寸及形状，实现拔丝模孔形的测量。1997 年，单越康等人开发了一种适用于复杂几何形状零件的机器视觉测量系统，它可以实现最大尺寸为 20mm 的多参量零件的自动检测，检测误差在 ±35μm 以内，检测速度为 15 件/min。

第三个阶段，2002 年至今，随着我国机器视觉测量技术的日新月异，应用领域也不断延伸。随着研究的深入，科研人员发现机器视觉可以更好地提高产品质量，并且解决精确的测量问题。例如，2002 年，张爱武等人利用机器视觉测量技术建立了板类零件曲面测量系统，可保证测量误差小于 0.5mm/m。2004 年，马强等人研制出了一种针对自由形状零件截面轮廓的机器视觉测量系统，该系统利用牛顿插值法实现图像的亚像素边缘检测，并将轮廓尺寸测量问题转换为求取最大相关函数的问题，给出了最大相关度量和仿射参数的函数关系。2012 年，张旭苹等人研究了基于机器视觉技术对外形不规则的大型物体进行几何量测量的有效方法，并研制了测量系统的样机，可有效保证大尺度条件下的测量精度。2014 年，苏俊宏等人设计了基于机器视觉的在线检测系统，实现了轴承表面缺陷的微米级测量，并可通过对表面缺陷的形貌分析确定缺陷的类型。2016 年，郭聿荃结合机器视觉识别与测量技术，完成了机械零件的分类、匹配区域划定和尺寸测量。2017 年，李江平、何博侠实现了航天用大尺寸 O 形密封圈的全自动精密测量、应用路径规划、序列图像采集，开发了基于公共特征的图像拼接算法，实现了大尺寸零件的精密检测。2019 年，支珊、赵文珍等针对中小模数直齿圆柱齿轮齿距快速测量需求及机器视觉测量特点，提出了一种基于齿廓图像边缘过渡带信息统计的单个齿距算法。该齿轮齿距机器视觉测量方法可以满足 5 级精度直齿圆柱齿轮齿距的快速测量要求。因此，在众多行业，如机械、汽车、冶金、计算机配件、电子、半导体、食品、消费品、制药、包装等行业中，许多客户开始寻求机器视觉检测解决方案。

第**2**章

机器视觉精密测量系统

机器视觉测量系统是指能够利用机器代替人眼获取被测物体图像，并对图像进行处理、分析，从而实现几何量等物理信息测量的系统。一个典型的机器视觉测量系统主要由硬件系统和软件系统两部分组成。硬件系统主要包括由光源、镜头和工业相机组成的成像系统，将图像信息传输到计算机中的图像采集卡，以及机械运动模块；软件系统负责处理采集到的图像，进行数据分析，输出测量结果。

根据测量原理的不同，机器视觉测量系统可分为单相机视觉测量系统、双相机视觉测量系统和多相机视觉测量系统。在三维测量时则可根据需要选择视觉结构，如双目立体视觉、结构光三维视觉等。在进行二维测量时，一般选用单相机视觉测量系统。机器视觉精密测量系统与一般机器视觉测量系统相比，既有相似的地方，也有其特殊性。本章在介绍机器视觉测量系统的基础上，重点论述机器视觉精密测量。

2.1 机器视觉测量硬件系统

机器视觉的成像模型近似中心透视投影模型。该模型是一个线性模型，其成像原理如图 2-1 所示。物点 P 到光轴的距离 X 与对应像点 p 到光轴的距离 x 之间满足

$$\frac{X}{u} = \frac{x}{v}$$

式中，v 为像距，等于投影中心（光心）到像面的距离。

机器视觉测量中优质的成像是第一步，工业相机将图像转换成模拟或数字信号，镜头使得工业相机得到清晰的图像，光源使得被测物的重要特征显现、不需要的特征被抑制，它们是机器视觉测量系统的核心硬件。

2.1.1 工业相机

工业相机的作用是通过光电效应将光源发出的光信号转换成电信号（电流或

电压），以完成图像信息的获取。电荷耦合器件（Charge-Coupled Device，CCD）和互补金属氧化物半导体（Complementary Metal Oxide Semiconductor，CMOS）是两种重要的工业相机传感器件。

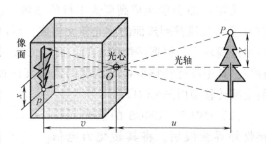

图 2-1 中心透视投影模型成像原理

（1）CCD CCD 是一种特殊半导体器件，上面有很多一样的感光元件，每个感光元件叫一个像素。CCD 可以起到将光线转换成电信号的作用，类似于人的眼睛，其性能的好坏将直接影响工业相机的性能。

衡量 CCD 优劣的指标有像素数量、CCD 尺寸、灵敏度、信噪比等。像素数量是指 CCD 上感光元件的数量。相机拍摄的画面可以理解为由很多个小的点组成，每个点就是一个像素。显然，像素数量越多，画面就会越清晰。因此，理论上 CCD 的像素数量应该越多越好，但 CCD 像素数量的增加会带来制造成本的增加及成品率的下降。

按照感光芯片几何组织形式的不同，CCD 又分为点元、线阵和面阵三种。

点元 CCD 是将一点或一个区域面的光强全部积分到一个感光像元上，它只能感受光强变化，而不能感受光强的分布情况，如果用它来进行一维或二维成像，则要做相应的一维或二维扫描运动。扫描运动的精度会影响图像的质量，进而影响系统的测量精度。

线阵 CCD 由一行对光线敏感的光电探测器组成，如图 2-2 所示。每种光电探测器根据其大小，都有可存储电子数量的限制。曝光时，光电探测器累积电荷，通过传输门电路，将电荷移至串行读出寄存器从而读出。电荷转换为电压并放大后，就可以转换为模拟或数字视频信号。线阵 CCD 由一维排列成线阵的像元组成，每次只能通过感光得到 $N \times 1$ 像素的一条线上的光学信息，并且需要依靠被测物和相机之间的相对运动获取二维图像。它适用于一维动态目标及大视场的测量，如果将其用于二维测量，则需要添加扫描装置和位置反馈环节，但这会产生一定的机械传动误差，使得图像质量降低。

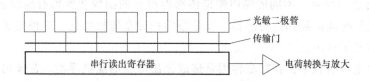

图 2-2 线阵 CCD

线阵 CCD 只能生成高度为 1 行的图像，因此常通过多行组成二维图像。面阵 CCD 是由二维排列成面的感光像元构成，可以直接获得 $M \times N$ 像素的二维图像，但测量范围较小。根据结构的不同，面阵 CCD 又可分为全帧型、帧转移型和隔行转移型，其中隔行转移型容易出现图像失真的情况。图 2-3 所示为线阵 CCD 扩展成的全帧转移型面阵 CCD。

（2）CMOS　CMOS 的感光元件接收外界光线后，将其转化为电信号，再通过芯片上的模-数转换器将获得的影像信号转变为数字信号输出。

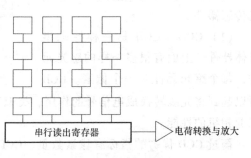

图 2-3　全帧转移型面阵 CCD

CMOS（见图 2-4）通常采用光敏二极管作为光电探测器，与 CCD 不同，CMOS 中的电荷不是顺序地转移到读出寄存器，而是每一行都可以通过选择电路直接选择并读出。CMOS 的随机读取特性使其很容易实现图像的矩形感兴趣区域（Area of Interest，AOI）读出方式。CMOS 的另外一个大的优点是可以在传感器上实现并行模-数转换。

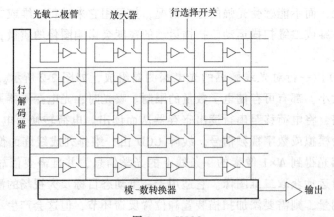

图 2-4　CMOS

（3）传感器噪声　不同的噪声使得传感器得到的图像灰度值有所改变。首先，光子并不是等时间间隔到达传感器，而是按泊松分布随机到达，这种光子的时间不一致性称作光子噪声。

在读出电荷过程中，存在多种因素造成读出电压的随机浮动。在读出时，像素电荷不能完全复位造成复位噪声，通过双采样可以去除这一噪声；由于热激发产生电子-空穴，造成暗电流噪声，放大器会产生放大噪声。即使没有任何光线也会产生复位噪声、暗电流噪声和放大器噪声，因此它们被称为暗噪声。将模拟信号转换为数字信号的过程中产生的噪声称为热噪声，可以通过长时间平均去除。

还有两个因素会造成灰度值的变化，即偏置噪声和增益噪声。每个像素的暗电流不完全一样，称作偏置噪声；每个像素对于光线的响应不是完全一致，称作增益噪声。与热噪声相反，这两种噪声引起的灰度值变化不能通过长时间平均去掉，是系统误差。由于看起来像噪声，所以称作空间噪声。CMOS的每个像素都有自己的放大器，使得每个像素的增益和偏移量均不同，通常有较大的空间噪声。

（4）工业相机的选择　根据图像传感器的不同，目前常用的工业相机可分为CCD相机和CMOS相机。CCD相机由感光像元组成，通过光-电转换，以光生电荷量反映入射光的强弱，从而形成与输入光强成正比的输出电压。CMOS相机所用图像传感器的重要特点之一是可以直接访问任意像元，并对像元进行操作运算，且输出的为数字信号，这就使得CMOS相机具有体积小、速度快、读出灵活、功耗低、性价比高等优点。通过比较CCD相机和CMOS相机可知，两者在大部分性能指标上比较接近，能够满足大部分的应用要求。用于机器精密视觉测量时，CCD相机相对于CMOS相机具有一定的优越性，例如CCD相机的复位噪声和暗电流噪声较小，成像的信噪比较高；CCD相机在光照条件不足的情况下，不会因亮度差异大而产生信号反差现象；CCD相机能够很好地反映被测物体的细节信息。

CCD相机还可以分为彩色CCD相机和黑白CCD相机，通常具有相同分辨率的黑白CCD相机获取的图像比彩色CCD相机获取的图像清晰度高。根据上述技术参数的分析和计算，本书所述的机器视觉测量系统选用德国Basler公司生产的piA2400-17gc全帧型千兆网口面阵黑白CCD相机，该相机的输出接口是千兆网口，与网线配合使用完成图像的传输，并将采集到的图像保存至计算机中。

2.1.2　镜头

镜头是一种聚集光线在图像传感器上成像的光学元件。如果忽略光的波动特性，可以将光看作是在同类介质中沿直线传播的光线。通常镜头由多个球心位于同一光轴上的光学镜片组成，如图2-5所示。

镜头作为机器视觉测量系统的关键组成之一，与工业相机配合使用，用于将光线聚焦在相机内部的图像传感器上成像，直接影响着测量系统的性能，因此镜头的合理选用和安装对机器视觉测量系统至关重要。镜头的主要性能参数有成像直径、焦距、视场角等。为了保证镜头与工业相机相匹配，需要考虑工业相机传感器尺寸以及镜头接口等问题，除此之外，应该选用畸变率小的镜头，尽量减少畸变的产生，以便于简化标定算法，提高系统的处理速度。一般可根据图像分辨率、畸变系数等参数来选择适合高精度测量的镜头，具体如下：

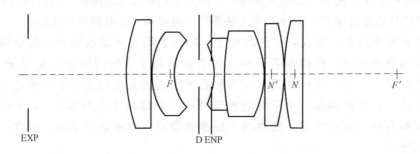

图 2-5　位于同一光轴上的光学镜片组成镜头

EXP—出瞳　ENP—入瞳　D—光阑　N、N'—节点

F—物方焦点　F'—像方焦点

1）图像分辨率。图像分辨率一般以量化图像传感器空间频率对比度的对比传递函数来衡量，单位为线耦数每毫米，而镜头的分辨率会影响图像的分辨率，应选用配合小像素图像传感器也能生成高图像分辨率的镜头。

2）畸变系数。畸变系数是指被测物大小与图像传感器成像大小的差异百分比，即使镜头存在 1% 的畸变，都有可能严重影响测量精度，因此应当选用畸变系数小的镜头。

在采用机器视觉测量系统进行高精度测量时，通常在被测物的垂直方向进行观测，因此需要保证成像时的主射线平行于光轴，尽量避免透视误差的产生。与像平面不平行的被测物体所成的像将会变形。在精密测量应用中，需要产生平行投影的成像系统，以消除透视变形。与普通镜头相比，远心镜头具有分辨率高、失真率低和景深宽的优点，可以有效降低图像变形及视角选择而造成的误差。同时，远心镜头的特殊设计，使得在一定的物距范围内，图像放大率不会随物距的变化而变化，且可以避免被测物厚度对测量的影响，目前广泛应用于精密测量领域。

远心镜头又分为物方远心镜头、像方远心镜头和双远心镜头。物方远心镜头是将孔径光阑放置在光学系统的像方焦平面上，使得像高不会随物距和像距的变化而改变，即测得的物体尺寸不会发生变化，具有畸变极小的优点。像方远心镜头是将孔径光阑放置在物方焦平面上，使得像方主线平行于光轴，从而可避免 CCD 芯片安装位置的改变对成像大小的影响。双远心镜头通过在光学系统的中间位置放置孔径光阑，使主光线一定通过孔径中心点，则物体侧和成像侧的主光线一定平行于光轴进入镜头。入射平行光保证了足够大的景深范围，从镜头出来的平行光则保证了即使物距在景深范围内发生变化，成像的高度（倍率）也不会发生变化，如图 2-6 所示。

普通镜头由于景深非常有限，只有物体完全处于焦平面才能清晰成像。当物体前后稍有偏移，都会影响成像质量，造成图像模糊。同时由于光路原因，在物体边缘位置会出现一定程度的弥散圆，使边缘出现虚影，直接影响检测精度。

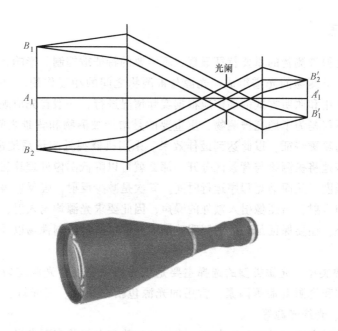

图 2-6　双远心镜头

双远心镜头通过复杂及特殊的结构设计，使镜头在一定范围内都能清晰成像（景深大），同时其光路具有平行于光轴的特点，消除了边缘弥散圆现象，如图 2-7 所示。

双远心镜头的畸变系数为普通镜头的 1/20，一般小于 0.1%，大大提高了检测的精度和稳定性，如图 2-8 所示。

图 2-7　双远心镜头获取的高压开关用齿轮图像

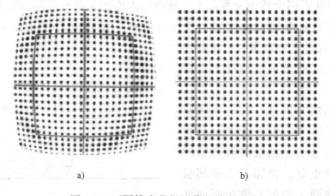

a)　　　　　　　　　　　b)

图 2-8　不同镜头获得图像的畸变比较

a）普通镜头鼓形畸变　b）双远心镜头畸变小

2.1.3 光源

光源可使得被测物的重要特征显现、不需要的特征被抑制。影响光源效果的因素包括光源和被测物的光谱组成、光源与被测物之间的相互作用、照明的方向性等。光源的选用和照明方式的确定应根据实际情况进行，一般首先应观察被测物的特征，光源不仅是为了照亮被测物，更重要的是增加被测物和背景之间的对比度，突出被测物的轮廓特征，以此达到最佳效果。采用机器视觉测量系统进行测量时，如果能够清楚地将被测物与背景区分开，那么就可以降低图像处理算法的复杂性和软件开发的难度，从而缩短程序运行时间。其次是减少反射，强反射表面容易造成各点的不均匀入射，给图像引入额外的噪声，因此要求光源均匀入射，避免镜面反射。除此之外，还要保证足够大的照明范围，并尽可能地限制视场以外的杂光进入视场。

（1）光源类型　光源类型的选择主要是依据照明亮度、光源均匀性、光谱特征、发光效率和光源寿命等因素。常用的光源包括白炽灯、荧光灯、发光二极管（LED）光源、光纤光源等。

白炽灯通过在细灯丝中传输电流，将灯丝加热到白炽状态而发光，优点是可以在低压工作、相对较亮，缺点是效率低、发热大、老化快。

荧光灯是一类气体放电光源，使用不同的涂层可以产生不同色温的可见光。荧光灯由交流电供电，会产生闪烁，供电频率应高于 22kHz。荧光灯的优点是照明面积大，缺点是光谱不均匀、老化快。

LED 能产生类似单色光的光谱非常窄的光，波长取决于所用半导体材料的成分。LED 光源光谱窄、响应速度快、发热少、寿命长，是目前机器视觉中应用最多的一种光源。

（2）光与被测物的相互作用　光与被测物有多种相互作用方式，包括镜面反射、漫反射、定向透射、漫透射、背反射和吸收等。

反射发生在不同介质的分界面上，被测物表面的粗糙程度等微细结构决定了有多少光线发生镜面反射或漫反射。镜面反射在一定角度产生较强的波瓣形反射（见图 2-9），入射角决定是否有波瓣形反射，物体表面的微细结构决定波瓣宽度。

（3）照明的方向性　在机器视觉中，常用照明的方向性来增强被测物的特征。光源与工业相机和被测物的相对位置非常重要，光源与工业相机处于被测物的同一侧时，称作正面光（见图 2-10a）；光源与相机处于被测物

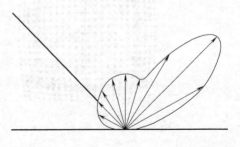

图 2-9　波瓣形反射

的两侧时，称作背光（见图 2-10b）。如果光源与被测物成一定角度，使得绝大部分光反射到传感器，称作明场照明；如果光源位置使得大部分光没有反射到传感器，仅仅将照射到被测物体的特定部分的光反射到传感器，称作暗场照明。各种划分标准互相独立，有多种常见组合。明场漫反射正面光照明常用于防止产生阴影。暗场正面光照明通常由 LED 环形光产生，环形光与物体表面成非常小的角度，可突出被测物的缺口及凸起，增强划痕、纹理、雕刻文字等。采用明场漫反射背光照明时，LED 平板或荧光等安放在被测物体后面，被测物体的信息由其轮廓得到。

漫反射对于有一定高度的被测物，其在传感器一侧的某些部分也可能被照亮，因此漫反射背光照明主要用于厚度不大的被测物。平行光源与远心镜头配合使用，会使被测物轮廓非常锐利，图像也没有透射变形，常用于机器视觉精密测量。

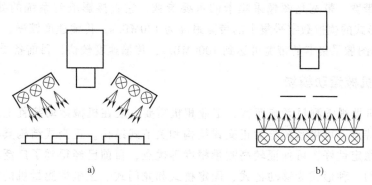

图 2-10　照明的方向性

a）正面光　b）背光

（4）光源控制器　光源控制器按功能的不同，可以分为模拟控制器、数字控制器和恒流控制器。模拟控制器可以实现亮度的无级控制，结构简单，操作方便，具有简单的触发功能，适合于大多数场合。数字控制器具有操作简单、输出精度高等优点，可以为 LED 光源提供高精度亮度控制，同时可通过按键或远程控制的方式，提供 256 级亮度调节，它适合为亮度控制要求高的光源供电，是高级机器视觉系统集成的首选控制器。恒流控制器具有 256 级亮度调节级别，可以通过手动或计算机控制的方法来进行亮度调节，同时具备高低电平触发功能，可以通过外部信号对光源进行亮灭控制，并且具备断电记忆功能，断电时可以保存前次操作内容，是一款性能稳定、功能强大的光源控制器。

为了消除传感器一侧零件表面和侧面反射的影响，本书所述的机器视觉测量系统采用漫反射的背光，波长为 470nm 的蓝色 LED 光源。为了给光源提供稳定的供电，便于调节光源强度和控制光源照明状态，采用光源数字控制器与光源配合使用。

17

2.1.4　图像采集卡

使用图像采集卡对图像进行采集是机器视觉测量的基础。图像采集卡将 CCD 中输入的模拟电信号经模-数转换器转换成离散的数字信号，并将离散的数字信号存储在图像的一个或多个存储单元中，当计算机发出指令时，可将图像信息传输到计算机中，使计算机能够对拍摄的图像进行存储、处理和显示。通过图像采集卡还可以控制工业相机的输入、输出接口，实现工业相机的定时拍摄等功能。图像采集卡的主要参数包括以下几个方面：

（1）输入接口形式　图像采集卡分为模拟图像采集卡和数字图像采集卡，其接口形式是选择图像采集卡的依据。

传统的模拟图像采集卡为 PCI 接口，目前正逐步被淘汰，而 IEEE1394、USB2.0/3.0、Camera Link 等几种高速数字接口已经广泛应用于各领域。

（2）带宽　带宽是图像采集卡的重要参数，它直接影响着系统的处理速度，PCI 接口形式的模拟数字采集卡的带宽最高为 130MB/s，传输速度较慢，而 Gigabit Ethernet 的图像采集卡的带宽可达到 1000MB/s，传输速度较快，目前备受青睐。

2.1.5　机械运动模块

对于机器视觉测量系统而言，工业相机需要安装在机械运动装置上，根据运动本体的特点，可将系统分为正交式结构和关节式结构。正交式结构具有运动关系简单、稳定性好、可保证较高测量精度等优点，目前已经得到了广泛应用，其中最常用的三种形式为移动桥式、固定桥式和龙门式。三坐标测量机的结构是一个代表性的正交式结构，它以笛卡儿坐标系为基础，由三个互相垂直的可移动导轨组成，可通过导轨的运动实现被测物体的测量。将工业相机安装于正交式结构上，可以形成一系列的机器视觉测量系统，但由于工业相机等受正交式结构的限制，测量时常常存在测量盲区。因此，若采用正交式结构来搭建机器视觉测量系统，可在该基础上增加转动关节，改变被测物体和工业相机的相互位置关系，提高系统的测量柔性。

机械运动模块是机器视觉测量系统的关键组成之一，是工业相机运动的载体，也是被测物定位和物距调节的基础。在测量过程中，它可以调整工业相机和被测物体的相对位置，使被测物体位于视场范围内，并可以通过调整最佳物距，获取高质量的被测物体图像用于测量。

机器视觉测量系统一般采用大理石平台作为测量基准面，它具有结构精密、质地均匀、稳定性好、硬度高等优点，特别适用于高精度测量仪器中。竖直安装的导轨为 Z 轴方向，主要带动工业相机上下运动，用于调整物距，使其准确地完成对焦。水平安装的导轨为 Y 轴方向，主要控制工业相机和光源的左右运动，其目的是使相机准确定位到被测物体，保证被测物体处于视场合适范围内。当工作台沿 Y

轴方向运动时，被测物体在图像中的坐标位置也会发生相应的变化。Z 轴和 Y 轴确定以后，X 轴垂直于 YZ 平面，其正方向由右手笛卡儿原则确定。

机器视觉精密测量系统如图 2-11 所示。

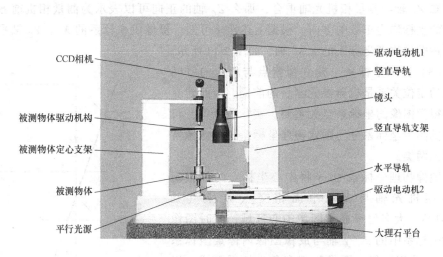

图 2-11　机器视觉精密测量系统

2.2　机器视觉测量坐标系

2.2.1　坐标系的建立

摄像机的光学成像过程包括刚性变换、透视投影和数字化图像三个部分，如图 2-12 所示。本书建立四个不同层次的坐标系。

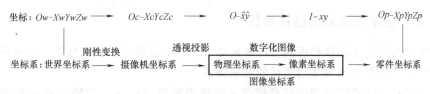

图 2-12　摄像机光学成像过程

（1）世界坐标系 $O_W\text{-}X_WY_WZ_W$　世界坐标系是 CCD 摄像机对物体进行拍摄过程中的定位，通常情况下会在被测物体和目标的标靶上建立若干个世界坐标系，每个世界坐标系都被视为一个局部世界坐标系。属性不同的局部世界坐标系通过刚性变换可以建立相应的对应位置关系。在摄像机标定中，为便于计算，世界坐标系的建立通常选择与标定物有明确变换关系的位置和标定物的表面，这样只要简单地推导就可以确定标定物特征点的空间世界坐标及其对应关系。

（2）摄像机坐标系 O_C-$X_C Y_C Z_C$　镜头中心透视投影和测量相机的光心及光轴符合摄影测量学中基本的共线方程，即其对应的光心和光轴各自重合。如果将测量相机的坐标原点建立在其光心上，则与成像面相垂直的轴定义为 Z_C 轴，由共线方程可知 Z_C 轴与测量相机光轴重合，那么 Z_C 轴的正向可以表示为测量相机前方任意点的坐标均为正数的方向。根据上述性质可知，摄像机坐标系的 X_C、Y_C 轴平行于下述图像物理坐标系的 $\hat{x}$、$\hat{y}$ 轴，如图 2-13 所示。

（3）图像坐标系　建立像素点与相应的空间物点的定位关系是机器视觉测量的前提。因此建立机器视觉图像的坐标系至关重要。实际测量中，机器视觉图像坐标系分为图像物理坐标系和图像像素坐标系两类。

图像物理坐标系 O-$\hat{x}\hat{y}$ 将中心坐标点的位置确定在相机光轴与成像平面相交点 O 上（见图 2-13），大多位于成像图像中心区域，此时图像物理坐标系中的 $\hat{x}$、$\hat{y}$ 轴与成像图像内像素坐标系的 x、y 轴相平行，图像物理直角坐标系形成，以 mm、μm 为单位表示实际被测物体尺寸。

图像像素坐标系 I-xy 的原点是图像左上角的点 I（见图 2-13），以像素为单位表示实际被测物体尺

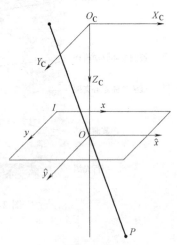

图 2-13　摄像测量常用坐标系

寸。根据机器视觉成像定义可知，横坐标 x、纵坐标 y 分别代表该像素在数字图像中的列数和行数。

（4）零件坐标系 O_p-$X_p Y_p Z_p$　图像处理完成后，为正确评价被测零件的几何量精度，需要根据被测件特征，从数字图像中提取信息（定位孔、对称中心、方形角点等）建立零件坐标系，用于几何量精度的评价。

2.2.2　坐标系之间的坐标变换

坐标系的建立是高精度测量的基础环节，目的是通过建立坐标系完成各参数的坐标转换，实现空间物体与图像的对应关系。

在中心透视投影模型中任意像点 p 的物理坐标 $(\hat{x}, \hat{y})$ 与物点 P 的摄像机坐标 (X_C, Y_C, Z_C) 的数学关系为

$$\begin{cases} \dfrac{\hat{x}}{f} = \dfrac{X_C}{Z_C} \\ \dfrac{\hat{y}}{f} = \dfrac{Y_C}{Z_C} \end{cases} \qquad (2\text{-}1)$$

式中，f 为焦距。

任意像点 p 的图像像素坐标 (x, y) 与其物理坐标 $(\hat{x}, \hat{y})$ 的数学关系为

$$\begin{cases} x - C_x = \dfrac{\hat{x}}{d_x} \\[3mm] y - C_y = \dfrac{\hat{y}}{d_y} \end{cases} \tag{2-2}$$

式中,(C_x,C_y)称为图像主点,是光轴与成像平面相交点 O 的图像坐标;d_x、d_y 分别代表在 $\hat{x}$ 和 $\hat{y}$ 方向上摄像机单个像元的物理尺寸。

等效焦距 F_x、F_y 分别是焦距 f 与像元横向尺寸 d_x 与纵向尺寸 d_y 之比,将其带入式(2-1)、(2-2)计算得到像点 p 的图像像素坐标(x,y)与物点 P 的摄像机坐标(X_C,Y_C,Z_C)的数学关系为

$$\begin{cases} \dfrac{x - C_x}{F_x} = \dfrac{X_C}{Z_C} \\[4mm] \dfrac{y - C_y}{F_y} = \dfrac{Y_C}{Z_C} \end{cases} \tag{2-3}$$

2.3 机器视觉测量系统的误差来源

2.3.1 成像模型误差

由于镜头设计的复杂性和工艺水平等影响因素,实际成像系统不可能严格地满足中心透视投影模型,从而使得物点在相机成像面上实际所成的像与理想成像之间存在光学畸变误差。

光学畸变主要分为径向畸变、偏心畸变和薄棱镜畸变三类。径向畸变只产生径向位置的偏差,偏心畸变和薄棱镜畸变则既产生径向偏差,又产生切向偏差。图 2-14 所示为无畸变理想像点位置与有畸变实际像点位置之间的关系。

(1)径向畸变 径向畸变是最主要的镜头畸变,这种变形会引起像点沿径向移动,离图像中心越远,其变形量越大。径向畸变是由于一对共轭物像面上的放大率不为常数,物体和图像之间失去了相似性而形成的误差。镜头的焦距变化对该畸变影响较大,一般镜头焦距越短,镜头畸变越大。其数学模型为

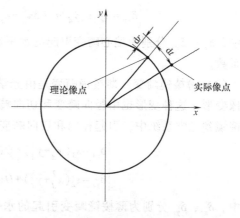

图 2-14 理想像点与实际像点

$$\begin{cases} \delta_{xr} = kx_d(x_d^2+y_d^2)+O(x_d,y_d)^5 \\ \delta_{yr} = ky_d(x_d^2+y_d^2)+O(x_d,y_d)^5 \end{cases} \tag{2-4}$$

式中，δ_{xr}、δ_{yr} 分别为径向畸变引起的水平和垂直方向的畸变量；k 为镜头径向畸变系数；$(x_d,\ y_d)$ 为图像归一化坐标，与图像坐标 $(x,\ y)$ 之间的关系为

$$\begin{cases} x_d = x-c_x \\ y_d = y-c_y \end{cases} \tag{2-5}$$

式中，$(c_x,\ c_y)$ 为光心，即光轴与像面交点的坐标。

图 2-15 所示为径向畸变对图像的影响，图 2-15a 所示是一理想正交网格图，如果径向畸变系数 k 是正值，则产生枕形畸变，如图 2-15b 所示；如果 k 是负值，则产生桶形畸变，如图 2-15c 所示。

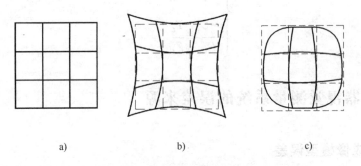

a)   b)   c)

图 2-15   径向畸变影响

a）理想正交网格图   b）产生枕形畸变   c）产生桶形畸变

（2）偏心畸变   由于装配误差，组成镜头的多个透镜的光轴不可能完全共线，从而引起偏心畸变，这种变形由径向畸变和切向畸变共同构成，其数学模型为

$$\begin{cases} \delta_{xp} = p_1(3x_d^2+y_d^2)+2p_2x_dy_d+O(x_d,y_d)^4 \\ \delta_{yp} = 2p_1x_dy_d+p_2(3x_d^2+y_d^2)+O(x_d,y_d)^4 \end{cases} \tag{2-6}$$

式中，δ_{xp}、δ_{yp} 分别为偏心畸变引起的水平和垂直方向的畸变量；p_1、p_2 为偏心畸变系数。

（3）薄棱镜畸变   薄棱镜畸变是由光学镜头制造误差和 CCD 制造误差引起的图像变形，这种变形也由径向畸变和切向畸变共同构成。这种畸变可通过附加一个薄棱镜到光学系统中，引起径向和切向畸变附加量而适当建模，其数学模型为

$$\begin{cases} \delta_{xs} = s_1(x_d^2+y_d^2)+O(x_d,y_d)^4 \\ \delta_{ys} = s_2(x_d^2+y_d^2)+O(x_d,y_d)^4 \end{cases} \tag{2-7}$$

式中，δ_{xs}、δ_{ys} 分别为薄棱镜畸变引起的水平和垂直方向的畸变量；s_1、s_2 为薄棱镜畸变系数。

考虑以上三种镜头畸变,未有畸变像点 (x_p,y_p) 与有畸变像点 (x,y) 之间的关系为

$$\begin{cases} x_p = x + \delta_{xr} + \delta_{xp} + \delta_{xs} \\ y_p = y + \delta_{yr} + \delta_{yp} + \delta_{ys} \end{cases}$$ (2-8)

2.3.2 透视误差

根据中心透视投影关系,一个不垂直于光轴的平面经过镜头后所成的像还是一个不垂直于光轴的平面,但它只能在垂直于光轴的图像传感器上成像,因而造成了透视误差。如图2-16所示,一个倾斜的正四边形目标根据中心透视投影关系所成像应为 $ABCD$ (设其所在平面坐标系为 X_2OY_2),该像在CCD的投影为 $abcd$ (设其所在平面坐标系为 X_1OY_1),显然,$abcd$ 已不是一个正四边形。如果要把 X_1OY_1 上的失真图像还原为 X_2OY_2 上的理想图像,需要将理想像面坐标系的坐标转换成 X_1Y_1Z 坐标系的坐标。由于坐标系 X_2OY_2 和 X_1OY_1 的原点是重合的,可假设坐标平面 X_2OY_2 先绕 X_1Y_1Z 坐标系的 X_1 轴旋转角度 α,再绕 Y_1 轴旋转角度 β。

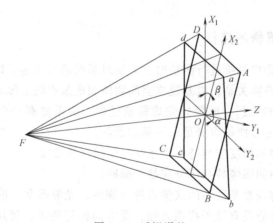

图2-16 透视误差

根据上述分析可建立未有透视误差的像点 (x_q,y_q,z_q) 与有透视误差像点 (x,y,z) 之间的关系,即

$$\begin{bmatrix} x_q \\ y_q \\ z_q \end{bmatrix} = \begin{bmatrix} \cos\beta & 0 & -\sin\beta \\ 0 & 1 & 0 \\ \sin\beta & 0 & \cos\beta \end{bmatrix} \begin{bmatrix} 1 & 0 & 0 \\ 0 & \cos\alpha & -\sin\alpha \\ 0 & \sin\alpha & \cos\alpha \end{bmatrix} \begin{bmatrix} x \\ y \\ z \end{bmatrix}$$ (2-9)

由式(2-9)可得

$$\begin{cases} x_q = x\cos\beta - y\sin\alpha\sin\beta - z\cos\alpha\sin\beta \\ y_q = y\cos\alpha - z\sin\alpha \end{cases}$$ (2-10)

式中,z 为镜头中心到CCD的距离,是一个定值。

2.3.3　边缘检测算法的定位误差

本书提出的边缘检测算法的理论依据是：边缘是灰度梯度方向上梯度最大的位置，而这个边缘特征是在理想边缘模型下得到的，因此所检测的边缘点有可能不是真实边缘。光照系统的不均匀照度、光与物体相互作用时产生的渐晕，以及滤波都可能使边缘发生偏移。在边缘定位精确度较高的情况下，真实边缘与提取边缘之间只相差一个 Δ。

根据上述分析可建立未有定位误差的像点 (x_e, y_e) 与实际像点 (x, y) 之间的关系为

$$\begin{cases} x_e = x + \Delta_x \\ y_e = y + \Delta_y \end{cases} \tag{2-11}$$

式中，Δ_x、Δ_y 分别为 x、y 方向的偏移量。

2.4　机器视觉测量系统的标定与补偿

2.4.1　标定参照物的选择

采用机器视觉测量系统进行测量时，需要对系统进行标定，以便确定物理尺寸和像素尺寸之间的换算关系，以及建立空间物体表面某点的三维几何位置与其在像平面中对应点之间的关系，而要想完成标定过程，就需要有一个精确的标定参照物。通常情况下标定参照物应满足以下基本条件。

1）标定参照物的精度应与待标定系统处于同一数量级。

2）标定参照物的图像特征部分应易于提取。

3）标定参照物与被测物体的成像条件（物距、光源强度、拍摄参数）一致。

4）标定参照物应具有抗干扰能力强，无方向标记要求，使用方便，标定效果比较理想等优点。

标定参照物一般可分为两大类：三维立体标定参照物和二维平面标定参照物。三维立体标定参照物是由两块或三块成一定角度的平面模板构成的，采用此类标定参照物来进行标定时，需要一套较为复杂的精密标定设备，因此本书不采用三维立体标定参照物。二维平面标定参照物通常是一块表面平整且不易变形的板状物，并在该板状物上附着有各种不同的图形，这些图形特征鲜明且易于提取。

图 2-17a 所示为棋盘格标定板，它由黑白相间的方格组成，通常将角点选为标定时的特征点，是一种应用广泛的标定参照物。虽然采用棋盘格标定板进行标定比较简单有效，但也存在缺陷，如角点的提取精度会对系统的标定精度造成很大影响。图 2-17b 所示为点阵标定板，它是由许多等直径的实心圆构成的，一般将圆心选为标定时的特征点，利用它们的坐标信息及几何特征完成系统的标定。

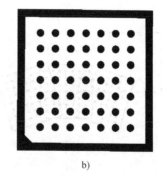

a)   b)

图 2-17　标定板

a）棋盘格标定板　b）点阵标定板

由于点阵标定板中标定圆的圆心距不受边缘位置变化的影响，标定圆的边缘简单，便于高精度定位，且根据标定圆边缘进行圆拟合确定的圆心位置具有较高的精度（特征点提取准确），因此本书采用图 2-17b 所示的点阵标定板进行系统的标定，该标定板由 7 行 7 列共 49 个等直径的标定圆组成，圆直径为 2mm，圆心距为 4mm，尺寸误差为 1μm，满足与机器视觉测量系统的测量精度在同一数量级的要求。

2.4.2　标定采样点的确定

将点阵标定板装夹到测量平台的标定装置中，如图 2-18 所示。根据测量范围，设定芯轴每次转动的步距角 α 和 Y 轴方向导轨每次运动的步长 l。通过调整芯轴和水平导轨的运动使其初始位置位于相机的视野中央，并获取标定板图像，并在每次芯轴运动或 Y 轴方向导轨运动的同时获取标定板图像，保证标定板中的标定圆可以涵盖整个视野，如图 2-19 所示。利用边缘定位算法提取标定圆的亚像素边缘，并对其进行最小二乘圆拟合得到圆心坐标，以此作为标定采样点（见图 2-19 中标志为·的点）。

图 2-18　标定装置

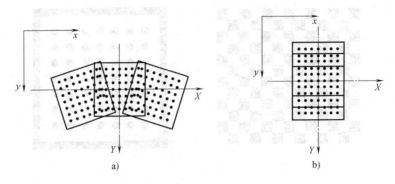

图 2-19　标定板运动示意图

a) 旋转运动　b) 平移运动

通过标定可得像素当量 A_r，理论圆心距为 4mm，测量范围为 40mm×48mm，它对应的像素尺寸为 2448 像素×2050 像素，如果设定采样点的间隔为 80 像素，则旋转步距角 α 应为 1°，平移步长 l 应为 1.5mm。

初始位置时，点阵标定板的中心正好位于视野中央，且为水平放置，中心位置标定圆的粗圆心可用（1224，1025）表示，则初始位置标定板图像中的所有标定圆的粗圆心位置（$x_{i,j}$，$y_{i,j}$）可表示为

$$\begin{cases} x_{i,j}=1224+\dfrac{4000}{A_r}(j-4) \\ y_{i,j}=1025+\dfrac{4000}{A_r}(i-4) \end{cases} \quad i=1,2,\cdots,7;j=1,2,\cdots,7 \quad (2\text{-}12)$$

式中，i，j 分别表示点阵标定板中标定圆所在的行和列。

初始位置时，点阵标定板的中心与芯轴中心的距离为 Q，利用坐标平移和旋转，可将后续图像中标定圆的粗定位圆心坐标表示为

$$\begin{cases} X'_{u,v}=(X_{u,v}-1224)\cos(\alpha u)-(Y_{u,v}+1025+\dfrac{Q}{A_r}-v\dfrac{l}{A_r})\sin(\alpha u)+1224 \\ Y'_{u,v}=(X_{u,v}-1224)\sin(\alpha u)+(Y_{u,v}+1025+\dfrac{Q}{A_r}-v\dfrac{l}{A_r})\cos(\alpha u)+1025+\dfrac{Q}{A_r}-v\dfrac{l}{A_r} \end{cases}$$

$$(2\text{-}13)$$

式中，$X'_{u,v}$、$Y'_{u,v}$ 分别表示平移旋转后的粗定位圆心坐标；$X_{u,v}$、$Y_{u,v}$ 分别表示平移旋转前的粗定位圆心坐标，$X_{0,0}=x_{i,j}$，$Y_{0,0}=y_{i,j}$；u，v 分别表示旋转运动和平移运动相对于初始位置的运动次数，由于初始位置位于视野中央，以该位置为界限，可将向左旋转和向下平移用负数表示，向右旋转和向上平移用正数表示，即 $u=-7$，-6，$\cdots$，0，$\cdots$，6，7，$v=-5$，-4，$\cdots$，0，$\cdots$，4，5。

根据计算的标定圆粗定位圆心坐标，自动进行标定圆的亚像素边缘定位，并采用最小二乘法圆拟合方法对边缘进行拟合，得到所有图像中的标定圆圆心精确坐

标，将这些精定位的圆心作为采样点，用于建立理想像点位置与实际像点位置的关系。

2.4.3　像素当量的标定

机器视觉测量中图像处理的结果是以像素为单位的，为了得到被测物体的实际尺寸，必须建立物理尺寸和像素尺寸之间的关系，标定每个像素代表的实际物理尺寸，即像素当量。像素当量作为测量过程中的重要参数之一，会对系统的标定精度和测量精度产生重要影响。在系统硬件、物距等条件不变的情况下，像素当量是固定的，需要对其进行准确标定。

在理想情况下，测量平面上的点 (X, Y) 与其对应的理想像点 (x_c, y_c) 完全符合中心透视投影关系，可表示为

$$\begin{cases} X = A_r(x_c - c_x) - A_r(1224 - c_x) = A_r(x_c - 1224) \\ Y = A_r(y_c - c_y) - A_r(1025 - c_y) = A_r(y_c - 1025) \end{cases} \tag{2-14}$$

式中，(c_x, c_y) 为光心的坐标；A_r 为测量系统的像素当量，单位为 μm/像素。

目前，标定机器视觉测量系统像素当量的方法一般都是借助标准件，即将标准件的像素尺寸和精确的物理尺寸进行比较，进而得到该测量条件（光源强度、物距）下的像素当量。本文采用点阵标定板作为标定参照物，通过亚像素边缘定位算法获取标定圆的边缘坐标，并利用其圆心距的特征完成系统像素当量的标定。

综合考虑相机的分辨率、视场范围及镜头畸变等因素，确定像素当量的标定区域为点阵标定板中心区域的 3 行 3 列共 9 个标定圆。由于圆心距不受边缘位置变化的影响，因此采用标定板中标定圆的圆心距进行像素当量的标定。采用最小二乘圆拟合的方法对获取的标定圆亚像素边缘进行处理，得到标定圆的圆心坐标，根据中心点到其周围 8 个圆心的像素距离和，得到圆心距的平均像素值。由点阵标定板特征可知，圆心距的理论物理尺寸为 4mm，则通过圆心距理论物理尺寸和其像素尺寸的比值可确定机器视觉测量系统的像素当量值。

由于圆心距不受光源强度的影响，而像素当量又是根据圆心距的物理尺寸和像素尺寸之间的比值确定的，因此光源强度基本不会对像素当量造成影响。本书主要考虑标定参照物位姿、物距单因素变化对像素当量标定结果的影响。

为了分析标定参照物位姿对标定结果的影响，在物距和光源强度不变的情况下，采集不同位姿的标定板图像 9 幅，部分图像如图 2-20 所示。根据这些图像对像素当量进行标定，得到的结果见表 2-1。

利用像素当量的标准偏差，分析光源强度和物距不变的情况下，标定板位姿对标定结果的影响。标准偏差公式为

$$\sigma = \left(\frac{1}{n-1} \sum_{i=1}^{n} (A_{r(i)} - \bar{A}_r)^2 \right)^{1/2}$$

式中，$n = 15$，表示参与标定的图像数量，于是可得 $\sigma = 0.00015 \mu m$/像素。

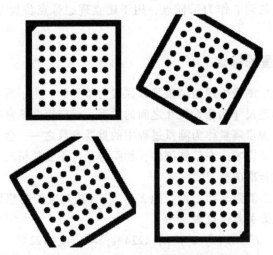

图 2-20 部分不同位姿的标定板图像

表 2-1 不同位姿标定板像素当量标定结果

序号	圆心距/像素	像素当量 A_r/(μm/像素)	当量误差$(A_r - \overline{A_r})/\mu$m
1	205.6460	19.4509	0.0002
2	205.6471	19.4508	0.0001
3	205.6471	19.4508	0.0001
4	205.6481	19.4507	0
5	205.6460	19.4509	0.0002
6	205.6502	19.4505	-0.0002
7	205.6502	19.4505	-0.0002
8	205.6481	19.4507	0
9	205.6492	19.4506	-0.0001
平均值$\overline{A_r}$	205.6480	19.4507	—

由表 2-1 可知，在物距和光源强度一定的情况下，根据不同位姿的标定板图像得到的像素当量值有所不同，但其最大值与最小值仅相差 0.004μm 像素，所有图像的平均值为 19.4507μm 像素。而该像素当量标定结果的标准偏差为 0.00015μm/像素时，说明标定板位姿的变化对像素当量标定结果基本没有影响，可以忽略不计。

为了进一步分析像素当量标定方法的适应性，在光源强度一定的情况下，将标定板放置在不同物距下获取同一位姿的标定板图像 11 幅，用于分析物距变化对像素当量的影响。根据这些图像求取的像素当量标定结果见表 2-2。

表 2-2　不同物距标定板像素当量标定结果

物距/mm	圆心距/像素	像素当量 A_r/（μm/像素）
125	205.2669	19.4868
126	205.3113	19.4826
127	205.3527	19.4787
128	205.3909	19.4751
129	205.4359	19.4708
130	205.4761	19.4670
131	205.5164	19.4632
132	205.5549	19.4595
133	205.5947	19.4558
134	205.6361	19.4518
135	205.6705	19.4486

由表 2-2 可知，在同一光源强度、同一位姿、不同物距的条件下，像素当量随着物距的增大而减小，并且两者基本成线性关系。同时，从侧面说明本书提出的像素当量标定方法抗干扰能力强，可以适应物距的变化，具有一定的自适应性。

2.4.4　光学畸变误差的标定

（1）标定函数的确定　在实际测量过程中，由于系统存在各种光学畸变误差，获取的图像不能准确反映被测物体的边缘信息，影响系统的测量精度。对 5mm 水平放置的量块和标定板中标定圆提取的边缘如图 2-21 所示，可以看出直线边缘和圆边缘均出现了变形现象，对获取的量块亚像素边缘进行直线拟合得到量块的直线度误差为 0.273 像素；对圆边缘进行最小二乘圆拟合得到标定圆的圆度误差为

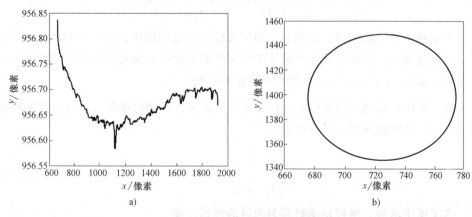

a)　　　　　　　　　　　　　　　　b)

图 2-21　亚像素边缘提取结果

a）量块的亚像素边缘　b）标定圆的亚像素边缘

0.357 像素，已知系统的像素当量为 19.4507mm/像素，经过换算可知两者的误差均超过了误差范围。显然该误差不是被测物体本身存在的误差，而是系统存在畸变造成的。

在以往的测量过程中，通常认为径向畸变和离心畸变已经足够描述系统的非线性畸变，因此在确定标定函数时只考虑这两项畸变，使得系统标定精度不高。为了实现高精度测量，本书综合考虑系统存在的各种误差，采用多项式来表示标定函数，但并非多项式阶数越高越好，过多地引入非线性系数不仅不能提高精度，相反有可能会造成解的不稳定，且增加运算时间。因此，兼顾计算量和标定精度，可用以下二元三次多项式来描述实际像点 (x, y) 处的误差

$$\begin{cases} d_x = a_1x^3 + a_2y^3 + a_3xy^2 + a_4x^2y + a_5x^2 + a_6y^2 + a_7xy + a_8x + a_9y \\ d_y = b_1x^3 + b_2y^3 + b_3xy^2 + b_4x^2y + b_5x^2 + b_6y^2 + b_7xy + b_8x + b_9y \end{cases} \tag{2-15}$$

式中，a_i、b_i 为标定的系数，$i = 1, 2, \cdots, 9$。

式 (2-15) 的误差不仅包括镜头畸变引起的像差，也包括透视变形，利用该式可以根据实际像点位置求得其存在的误差，建立理论像点位置和实际像点位置的相互对应关系。

（2）标定过程　由于确定的标定采样点为点阵标定板的标定圆圆心，根据点阵标定板的几何特征可知，在理想情况下，成像后的标定圆圆心距都相等，同一行或同一列的圆心在同一条直线上，且行、列方向的直线互相垂直。因此设每幅点阵标定板图像中间区域的标定圆理论圆心坐标为 (a, b)，位于同一行的理论圆心坐标所在直线的斜率为 k，则视野范围内所有的理论圆心坐标可表示为

$$\begin{cases} \overline{x_{i,j}} = a - \dfrac{4000}{A_r\sqrt{1+k^2}}(j-4) + k\dfrac{4000}{A_r\sqrt{1+k^2}}(i-4) \\ \overline{y_{i,j}} = b - \dfrac{4000}{A_r\sqrt{1+k^2}}(i-4) + k\dfrac{4000}{A_r\sqrt{1+k^2}}(j-4) \end{cases} \tag{2-16}$$

根据最小二乘法原理，由视野中间区域的三行三列标定圆圆心坐标确定斜率 k 值，在此基础上，保证中间区域的 9 个标定圆的理论圆心和实际圆心的距离的平方和最小，求得 a、b 值，从而得到所有理论圆心的坐标。

式 (2-16) 描述了像点 (x, y) 处存在的误差，即理论像点 $(\overline{x}, \overline{y})$ 与实际像点 (x, y) 之间的误差，可表示为

$$\begin{cases} d_x = \overline{x} - x \\ d_y = \overline{y} - y \end{cases} \tag{2-17}$$

为了便于求解，将标定函数写为向量的形式，即

$$AP = \overline{X} - X \tag{2-18}$$

式中，$A = \begin{bmatrix} x^3 & y^3 & xy^2 & x^2y & x^2 & y^2 & xy & x & y \end{bmatrix}$；

$$P = \begin{bmatrix} a_1 & a_2 & a_3 & a_4 & a_5 & a_6 & a_7 & a_8 & a_9 \\ b_1 & b_2 & b_3 & b_4 & b_5 & b_6 & b_7 & b_8 & b_9 \end{bmatrix}^{\mathrm{T}} ; \quad \overline{X} = \begin{bmatrix} \overline{x} & \overline{y} \end{bmatrix}^{\mathrm{T}} ; \quad Y = \begin{bmatrix} x & y \end{bmatrix}^{\mathrm{T}} 。$$

标定函数含有 18 个未知的系数，理论上根据 9 对标定圆圆心坐标的理论值和实际值建立方程即可求解全部的畸变系数，但由于采样点的个数远大于待定系数的个数，采用最小二乘法来求解标定函数的系数向量 P。为了避免求解过程中出现病态系数矩阵，采用两个一维 Chebyshev 正交多项式集的张量积作为基底重构标定函数，可表示为

$$BT = \overline{X} - X \tag{2-19}$$

式中，$B = \begin{bmatrix} x^3 - \dfrac{17}{5}x & y^3 - \dfrac{17}{5}y & x(y^2-2) & (x^2-2)y & x^2 & y^2 & xy & x & y \end{bmatrix}$；

$$T = \begin{bmatrix} c_1 & c_2 & c_3 & c_4 & c_5 & c_6 & c_7 & c_8 & c_9 \\ d_1 & d_2 & d_3 & d_4 & d_5 & d_6 & d_7 & d_8 & d_9 \end{bmatrix}^{\mathrm{T}} 。$$

求解上式可得

$$T = (B^{\mathrm{T}}B)^{-1}B^{\mathrm{T}}(\overline{X} - X) \tag{2-20}$$

$$\begin{cases} a_i = c_i, i = 1,2,\cdots,7 \\ a_i = c_i - \dfrac{17}{5}c_{i-7} - 2c_{i-5}, i = 8,9 \\ b_i = d_i, i = 1,2,\cdots,7 \\ b_i = d_i - \dfrac{17}{5}d_{i-7} - 2d_{i-5} \quad i = 8,9 \end{cases} \tag{2-21}$$

由式（2-21），可知标定函数系数向量与重构后标定函数系数向量之间的对应关系，从而可以求得系数向量 P。

根据确定的标定采样点及式（2-16）和式（2-17）求得标定函数的系数 P，其误差曲面如图 2-22 所示，确定的标定函数如下。

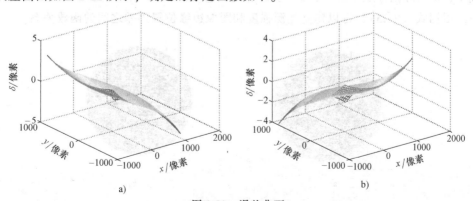

图 2-22　误差曲面

a）δ_x 误差曲面　b）δ_y 误差曲面

$$\begin{cases} \delta_x = -1.431 \times 10^{-9} x^3 + 1.258 \times 10^{-11} y^3 - 1.684 \times 10^{-9} xy^2 + 7.449 \times 10^{-11} x^2 y \\ -3.312 \times 10^{-7} x^2 - 1.313 \times 10^{-7} y^2 - 4.422 \times 10^{-8} xy - 1.221 \times 10^{-3} x + 1.157 \times 10^{-4} y \\ \delta_y = 1.233 \times 10^{-10} x^3 - 1.646 \times 10^{-9} y^3 + 4.956 \times 10^{-11} xy^2 - 1.764 \times 10^{-9} x^2 y \\ -7.754 \times 10^{-8} x^2 - 1.680 \times 10^{-7} y^2 - 9.074 \times 10^{-8} xy + 1.049 \times 10^{-4} x - 1.281 \times 10^{-3} y \end{cases}$$

$$(2-22)$$

2.4.5 光源强度对边缘位置影响的标定与补偿

采用本书所述测量系统进行测量时，为了获取质量较高的图像，应将光源强度控制在合适范围内。对于本系统而言，光源强度过低时，图像信噪比低，不利于系统成像；光源强度过高时，则会由于像元趋于饱和，图像部分细节失真。

由于图像灰度值和光源强度具有直接关系，可通过计算不同光源强度下背景图像视野中央的灰度平均值来衡量光源强度，量化后的灰度值为 0-255，灰度值越接近 255，说明光源强度越高，当灰度值达到 255 时，图像呈饱和状态，以此确定图像的光源强度等级。

以标定板中的一个圆为例，光源强度欠饱和时，图像比较模糊，不利于边缘特征的提取，影响测量精度，该情况下的标定圆图像如图 2-23a 所示；光源强度过饱和时，图像边缘清晰，有利于边缘的精确定位，但是由于图像背景灰度值在光源强度达到一定程度后就不再变化，而前景灰度值会随着光源强度的增大而增大，因此造成边缘沿着其法线方向由背景向前景偏移，产生边缘位置误差，过饱和状态下的标定圆图像如图 2-23b 所示。

根据标定圆尺寸，不同光源强度引起的图像边缘位置误差可表示为

$$d_a = \frac{1}{2}(D-d) \tag{2-23}$$

式中，D 为理论标定圆直径；d 为实际标定圆直径。

根据式（2-23），可以建立光源强度和图像边缘位置误差之间的函数关系。

a)　　　　　　　　　　　　b)

图 2-23　标定圆图像

a）欠饱和图像　b）过饱和图像

在物距一定的条件下，获取不同光源强度下的背景图像，并以视野中央矩形区域内的 100 个像素点的灰度平均值来表示光源强度等级，结果如图 2-24 所示。可以看出，在本书所述的机器视觉测量系统条件下，当光源控制器调节到 82 级时，图像背景灰度值为 255，图像刚好达到饱和状态。

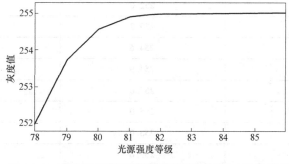

图 2-24   不同光源强度灰度分布

为了验证光源强度变化不会造成图像边缘整体向某个方向移动这一问题，提取不同光源强度下的标定板中同一位置的标定圆圆心，其圆心分布情况如图 2-25 所示。可以看出，光源强度的变化基本不会改变圆心位置，即标定圆边缘没有沿某一方向发生偏移。

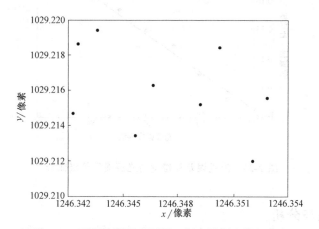

图 2-25   不同光源强度下同一标定圆圆心位置分布

对于点阵标定板中的标定圆而言，如果光源强度变化会造成边缘沿法线偏移，则随着光源强度的增大，提取的标定圆边缘将在其法线方向由白向黑移动，使得标定圆直径越来越小。利用这一特性对光源强度引起的边缘位置误差进行标定，首先获取 78 级到 86 级光源强度的点阵标定板图像，并对其进行处理，根据拟合标定圆亚像素边缘得到的实测像素直径值和理论直径值，计算不同光源强度引起的边缘位置误差值，该值即为不同光源强度下的位置误差补偿量，见表 2-3。将光源强度与位置误差补偿量进行拟合，如图 2-26 所示，可以看出，位置误差补偿量随着光源强度的增大而增大，两者基本呈线性关系，其斜率为 0.0131。

表 2-3　不同光源强度标定板图像情况

光源强度等级	灰度值	补偿量/像素
78	252.0	0.0867
79	253.7	0.0931
80	254.6	0.1102
81	254.9	0.1284
82	255.0	0.1385
83	255.0	0.1527
84	255.0	0.1613
85	255.0	0.1768
86	255.0	0.1888

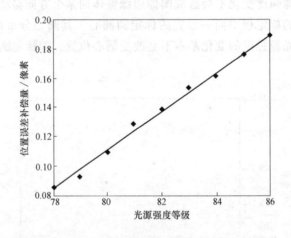

图 2-26　位置误差补偿量与光源强度等级曲线

2.4.6　实验与分析

对系统进行标定后，为了评价标定的精度，一般用系统误差标定模型对测量平面内的一幅已知特征参数的图像进行补偿，并比较补偿后图像与理想无畸变图像之间的偏差。通常以补偿后图像与理想图像对应测量平面同名像点残差的均方差作为评价指标，残差均方差越小，表示标定补偿的效果越好。对于一幅点阵标定板中的标定圆圆心，其补偿后的成像位置为 $(\tilde{x}_{i,j}, \tilde{y}_{i,j})$，而理论圆心位置为 $(\bar{x}_{i,j}, \bar{y}_{i,j})$，则补偿结果的 x 方向和 y 方向残差均方差

$$\begin{cases} \sigma_x = \dfrac{1}{n-1}\sum_{i,j}\left(\widetilde{x}_{i,j} - \overline{x}_{i,j}\right)^2 \\ \sigma_y = \dfrac{1}{n-1}\sum_{i,j}\left(\widetilde{y}_{i,j} - \overline{y}_{i,j}\right)^2 \end{cases} \tag{2-24}$$

通过计算可得 $\sigma_x = 4.94\times10^{-4}$，$\sigma_y = 1.174\times10^{-3}$。为了更直观地展现标定的效果，在测量条件不变的情况下，采用系统误差标定模型和光源强度位置误差补偿模型对一幅未提取采样点用于建立系统标定模型的标定板图像进行综合补偿，并比较补偿前后标定板中标定圆圆心位置与理论圆心位置之间的偏差，该偏差可通过两者之间的距离来表示。根据系统标定的像素当量，将像素距离转换为物理距离，则实际圆心到理论圆心的距离和误差补偿后圆心到理论圆心的距离见表2-4和表2-5。

表2-4　实际圆心与理论圆心的距离　　　　　　　（单位：μm）

列	行				
	1	2	3	4	5
1	4.352	3.229	3.775	3.772	4.901
2	2.329	1.136	0.849	1.121	1.723
3	1.089	0.809	0.501	0.604	0.569
4	1.959	1.412	0.563	1.093	0.937
5	3.919	2.513	1.077	2.335	2.587

表2-5　误差补偿后圆心与理论圆心的距离　　　　（单位：μm）

列	行				
	1	2	3	4	5
1	0.914	0.752	0.188	0.202	0.495
2	0.515	0.913	0.686	0.552	0.416
3	0.726	0.194	0.536	0.303	0.431
4	0.775	1.093	0.669	0.547	0.553
5	1.212	0.710	0.701	1.194	1.158

对获取的标定圆亚像素边缘进行最小二乘圆拟合得到标定圆的直径，见表2-6。同理，可得补偿后的标定圆亚像素边缘确定的标定圆直径，结果见表2-7。

表2-6　标定圆直径　　　　　　　　　　　　（单位：μm）

列	行				
	1	2	3	4	5
1	1995.098	1994.703	1996.557	1994.984	1995.297
2	1993.917	1995.084	1996.038	1995.581	1996.368
3	1995.027	1995.439	1996.651	1996.016	1996.412
4	1997.672	1996.103	1998.845	1997.110	1997.446
5	1997.160	1998.633	2003.170	2000.477	1998.907

表 2-7　误差补偿后的标定圆直径　　　　　　（单位：μm）

列	行				
	1	2	3	4	5
1	1999.768	1999.161	2000.981	1999.551	2000.185
2	1998.179	1999.162	2000.110	1999.824	2000.961
3	1998.809	1999.065	2000.298	1999.863	2000.637
4	2000.901	1999.203	2001.994	2000.487	2001.229
5	1999.762	2001.133	2001.745	1999.309	2001.167

　　由表 2-4 和表 2-5 可知，未补偿前实际圆心位置与理论圆心位置的最大距离为 4.9μm，补偿后的实际圆心位置与理论圆心位置的距离在 1.3μm 以内，可见根据误差标定模型对亚像素边缘进行补偿后，减小了畸变对图像的影响，使得补偿后的像点位置更加接近理论像点位置。

　　表 2-6 中标定圆实际直径的平均值为 1996.748μm，该值与理论直径的误差为 3.252μm，且直径最大值与最小值的偏差仅为 9.253μm。表 2-7 中补偿后标定圆直径的平均值为 2000.139μm，该值与理论直径的误差为 0.139μm，且直径最大值与最小值的偏差为 3.815μm。可以看出补偿后的标定圆直径更加接近理论标定圆直径，整体误差较小，说明采用本书提出的标定方法对测量系统进行综合标定后，边缘点补偿值更加接近理论值，可以实现系统的高精度标定。

　　为了进一步验证系统的测量精度，对检定量块的测量面进行测量，在获取被测物体的亚像素边缘后，采用系统的标定模型和光源强度位置误差补偿模型对亚像素边缘进行补偿，实现量块尺寸和直线度误差的多次测量，分别选取其中的 5mm、8mm 量块的测量结果进行分析，测试图像如图 2-27 所示。

　　对于量块而言，以图像中量块边缘的中间部分进行测量，并将其中的一条亚像素边缘进行最小二乘直线拟合后作为基准边缘，计算另一条测量边缘上的各边缘点到基准边缘的距离 d_i，采用统计的方法，以所有距离 d_i 的平均值表示量块尺寸，即

$$D = \frac{1}{n}\sum_{i=1}^{n} d_i \qquad (2\text{-}25)$$

式中，n 为测量点个数。

　　尺寸误差为量块测量尺寸 D 与检定尺寸 D_j 之差，结果见表 2-8。

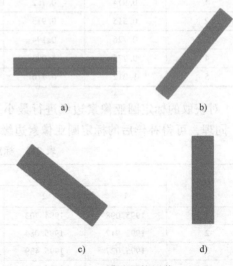

图 2-27　测试量块图像

a)、b) 5mm 量块　　c)、d) 8mm 量块

表 2-8 测试量块的尺寸 （单位：μm）

图像	尺寸		
	D_j	D	Δ
a	4997.8	4998.63	0.83
b	4997.8	4998.36	0.56
c	7999.18	7999.31	0.13
d	7999.18	7999.02	-0.16

由表 2-8 可以看出，根据补偿后的亚像素边缘计算所得的量块尺寸与检定量块尺寸的最大误差为 0.83μm，说明系统的测量精度可以达到微米级。

取量块的测量长度为 20mm，将测量边缘上的测量点进行最小二乘直线拟合，并尽量滤除测量点中存在的随机误差，计算该边缘上所有测量点到拟合直线的距离，则量块的直线度误差可表示为

$$d = d_{max} - d_{min} \tag{2-26}$$

按照上述方法，测量的量块直线度误差见表 2-9。

表 2-9 测试量块的直线度 （单位：μm）

图像	直线度 1			直线度 2		
	d_{max}	d_{min}	d_1	d_{max}	d_{min}	d_2
a	1.05	-0.56	1.61	1.02	-0.43	1.45
b	0.88	-0.42	1.30	1.12	-0.46	1.58
c	0.74	-0.33	1.07	0.93	-0.41	1.34
d	0.69	-0.27	0.96	0.61	-0.29	0.9

通过对量块直线度的测量，可以反映极限偏差的情况。由表 2-9 可以看出，当测量长度为 20mm 时，对于 4 个量块、8 条边缘而言，极限偏差最大值为 1.61μm。而齿廓的测量范围约为 4mm，因此极限偏差会进一步减小，说明采用基于点阵标定板的系统综合标定方法对系统进行标定后，可以有效减小各种误差对图像的影响，提高系统的测量精度。

第**3**章

微米级亚像素边缘定位

3.1　图像去噪处理

3.1.1　噪声的分类

图像在采集、成像和传输等过程中会受到各种因素的干扰，产生各种噪声，使得获取图像的灰度值不能准确反映被测物体对应点的光强值，降低了图像的质量，对后续测量过程造成一定的影响。为了减少噪声的影响，必须对图像进行去噪处理。本书所述的机器视觉测量系统可能存在以下几种噪声。

（1）成像传感器产生的噪声　成像传感器产生的噪声主要包括光子噪声和暗电流噪声。光子噪声是由于感光像元在单位时间内接收的光子数在平均值附近微小波动而形成的。暗电流噪声则是指在无光照条件下，传感器像元由于 PN 结绝缘层漏电导致漏电流所产生的噪声。

（2）图像采集卡产生的噪声　在采用图像采集卡对图像进行数字化的过程中会产生像素抖动，它是由像素时钟本身的波动而造成的像素值对应位置的变化，其表现为一种随机误差。

（3）光源产生的噪声　虽然机器视觉测量系统采用的是平行光源，但也不可能保证整个视场范围内完全严格地均匀照明，这就使得同一被测物体在不同位置采集的图像会有微小差别。

（4）传输过程中产生的噪声　图像在传输过程中产生的噪声主要是由于传输信道受到干扰，由于本书研究的机器视觉测量系统是采用有线网络进行传输，因此在图像传输时，很有可能受到网线的扰动。

（5）其他噪声　另外，还可能存在由镜头清洁度引起的噪声，如镜头内外部落灰、手印、划痕等引起的噪声。被测物体边缘的毛刺和灰尘也会产生较大的噪声。

3.1.2 常用的去噪算法

一般情况下，图像中的噪声是多种噪声的叠加，如果处理不当，会使图像边缘变得模糊。如何在保持边缘特征的前提下，尽量滤除图像中的噪声是确定滤波方法的首要因素。传统的信号降噪技术有线性滤波、低通滤波、维纳滤波等。线性滤波的数学形式简单，滤波效果与位置无关，并且大多数的图像噪声都可以看作是均值为零、方差不同的加性高斯噪声，因此线性滤波算法对滤除高斯噪声具有很好的效果。本书所述机器视觉测量系统所采集的图像主要存在的就是高斯噪声，所以仅对线性滤波算法进行研究。主要的线性滤波算法有均值滤波和高斯滤波。本书 5.3.2 节介绍的各向异性双边滤波也是一种针对背光图像边缘的非常实用的算法。

（1）均值滤波 均值滤波是一种简单的空域处理方法，其实质是用窗口内所有像素灰度值的平均值来赋值对应像素点的灰度值，设窗口的大小为 $(2n+1) \times (2m+1)$，则均值滤波后的灰度值可以表示为

$$g(x,y) = \frac{1}{(2n+1) \times (2m+1)} \sum_{i=-n}^{n} \sum_{j=-m}^{m} g(x-i, y-j) \tag{3-1}$$

按上述滤波函数以一个窗口在图像上移动，完成均值滤波过程，噪声的方差则降为原来的 $1/[(2n+1)\times(2m+1)]$。一般而言，滤波程度与邻域窗口的大小有关，窗口越大，滤波能力越强，但如果窗口过大，也会使得大尺度滤波的计算量增大，且造成图像边缘细节信息的损失，一般选择 $n=m=1$ 或 $n=m=2$。

均值滤波也可以用卷积运算来描述，将其看作是作用于图像的低通滤波器，该滤波器的响应函数为 $H(i,j)$，则采用离散卷积的形式表示的滤波后图像灰度值为

$$g(x,y) = \sum_{i=-n}^{n} \sum_{j=-m}^{m} g(x-i, y-j) H(i,j) \tag{3-2}$$

式中，$H(i,j)$ 为加权函数，一般称为模板，常用的模板有

$$H_1 = \frac{1}{8} \begin{bmatrix} 1 & 1 & 1 \\ 1 & 0 & 1 \\ 1 & 1 & 1 \end{bmatrix}, H_2 = \frac{1}{9} \begin{bmatrix} 1 & 1 & 1 \\ 1 & 1 & 1 \\ 1 & 1 & 1 \end{bmatrix}, H_3 = \frac{1}{10} \begin{bmatrix} 1 & 1 & 1 \\ 1 & 2 & 1 \\ 1 & 1 & 1 \end{bmatrix}, H_4 = \frac{1}{16} \begin{bmatrix} 1 & 2 & 1 \\ 2 & 4 & 2 \\ 1 & 2 & 1 \end{bmatrix}$$

选择不同的模板时，窗口内各像素点灰度值对滤波后灰度值的贡献也不同，因此，需要根据图像的实际情况选取合适的模板，并且保证模板中所有权系数之和为单位值。

为了解决均值滤波会造成图像边缘信息丢失的问题，许多学者对均值滤波算法进行了改进，提出了 K 邻点平均值、梯度倒数加权平均等方法。其核心思想在于如何选择窗口大小、形状和方向，以及参与平均的像素点数量和窗口内各像素点的

权重系数等。

（2）高斯滤波　高斯噪声是一种常见的噪声，与之相对应的高斯滤波算法由于具有优异的性能而被广泛应用于图像的去噪过程中。高斯滤波作为线性滤波的一种，是以权函数为高斯核函数来计算邻域像素的加权平均灰度值，不同大小的高斯核，对应的权函数也不同，以加权计算后的平均值作为中心像素的灰度值，其重要性质是各像素点的加权值与该点到中心点的距离成反比，即距离越远的像素点对中心点的灰度值影响越小。一般二维高斯滤波函数可表示为

$$g_\sigma(x,y) = \frac{1}{2\pi\sigma^2} e^{-(x^2+y^2)/(2\sigma^2)} = \frac{1}{\sqrt{2\pi}\,\sigma} e^{-x^2/(2\sigma^2)} \frac{1}{\sqrt{2\pi}\,\sigma} e^{-y^2/(2\sigma^2)} = g_\sigma(x)g_\sigma(y)$$

$$(3\text{-}3)$$

由式（3-3）可知，高斯滤波函数具有旋转不变性和可分性，即高斯滤波在图像各个方向上的平滑效果相同，为了使用方便，可将其按行和列的顺序分解为两个一维滤波函数，即

$$\begin{cases} g_x = g_\sigma{}'(x)g_\sigma(y) \\ g_y = g_\sigma(x)g_\sigma{}'(y) \end{cases}$$

$$(3\text{-}4)$$

式中，σ 是高斯滤波函数的标准偏差，它决定了图像的平滑程度，σ 值越大，滤波效果越好，但同时也会丢失一些边缘细节信息，当 σ 很小时，高斯滤波对图像噪声基本没有作用。

从上述推导可知，σ 值的选择对数字图像边缘的提取有着至关重要的影响，为了使平滑处理后的边缘位置精度不受影响，将式（3-4）修正为

$$\begin{cases} g_x = \sqrt{2\pi}\,\sigma g_\sigma{}'(x)g_\sigma(y) \\ g_y = \sqrt{2\pi}\,\sigma g_\sigma(x)g_\sigma{}'(y) \end{cases}$$

$$(3\text{-}5)$$

由于二维高斯滤波函数的功能可以通过一维高斯滤波函数来实现，则首先将图像与一维高斯滤波函数进行卷积，然后再与另一个与之正交的一维高斯滤波函数重复卷积过程，则该滤波效果与直接使用二维高斯滤波函数进行滤波的效果一致，说明高斯滤波计算速度较快。

根据上述分析可知，采用机器视觉测量系统进行测量时，在考虑速度的前提下，高斯滤波是一种理想的滤波方法。因此本书选用 5×5 的二维高斯滤波函数，在图像上以滑动窗口与图像局部区域进行卷积，最终实现整幅图像的滤波，以达到图像去噪的目的。采用高斯滤波处理前后的图像如图 3-1 所示。可以看出，滤波后在很大程度上滤除了采集图像中存在的噪声，并且使得图像更加平滑。

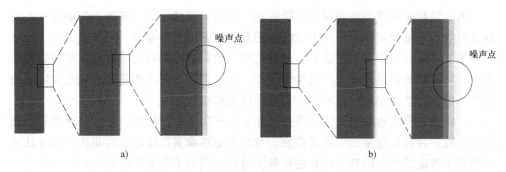

图 3-1 滤波效果对比图

a）原始图像边缘 b）高斯滤波后的图像边缘

3.2 亚像素边缘定位原理及常用方法

边缘定位算法是决定机器视觉测量精度的关键因素之一，也是实现机器视觉测量的基础。高精度的边缘定位算法应具有定位精度高、抗噪性能好的优点，但由于图像在成像、数字化和传输过程中难免会产生噪声干扰，使灰度值发生变化，即使图像滤波可以消除噪声，仍会导致边缘在某种程度上的模糊，降低图像的质量；另外，由于光照和低通滤波的作用，图像原本呈阶梯状的边缘呈现平滑过渡，且灰度变化在一定的空间范围内通过"阶梯"逐步过渡，因此很难最佳地定位图像的边缘。基于上述原因的存在，边缘定位的研究一直是一个热点问题。

视觉测量最基本和最重要的任务之一就是对图像中的目标进行定位，通常实现该过程有两个步骤：目标粗定位和目标精定位。目标粗定位是指确定目标分布在某一特定的局部区域内，目标精定位则是在目标粗定位的基础上进一步高精度地确定目标位置，即亚像素定位技术。亚像素定位技术的应用前提是目标不是孤立的单个像素点，而是由一组像素组成的且具有特定灰度分布和几何分布的特性；另外，研究者必须具有关于特征形状、特征梯度或灰度分布的先验知识，并利用解析法建立特征的数学模型。

利用预知的目标特性（几何特性、灰度分布特性和几何与灰度耦合特性）对图像进行滤除噪声、提取特征等处理，并采用浮点计算，确定与目标特征最吻合的位置，实现对目标优于像素级精度的定位。这种利用目标特性从图像中分析计算出最符合此特性的目标位置的方法称为图像亚像素定位技术。

从 20 世纪 70 年代开始，人们已经提出了多种亚像素边缘定位算法。根据计算原理的不同，可分为以下三类。

（1）矩方法 矩方法是机器视觉和模式识别领域中广泛使用的简单方法，它是根据成像前后同一物体的矩特性保持不变的原理计算出边缘模型参数，从而实现边缘的亚像素定位。

形心法和灰度重心法是应用零阶矩和一阶矩对图像中圆、椭圆和矩形等中心对称目标进行高精度亚像素边缘定位的常用算法，它们是最简单的矩方法。

灰度矩亚像素边缘定位法是一种利用前三阶灰度矩来对边缘进行亚像素定位的算法，其实质是假设成像前后灰度矩保持一致，即通过矩不变原则来确定实际边缘位置。但该方法的定位精度不高，工程中应用很少。

空间矩亚像素边缘定位法是通过计算 6 个不同阶的空间矩，并结合理想阶跃模型的参数，计算出边缘的亚像素位置。与灰度矩亚像素边缘定位法相比，该方法充分利用了灰度的空间信息，计算过程有所简化，得到了更为广泛的应用。

Zernike 正交矩亚像素边缘定位法是通过计算图像的 3 个不同阶的正交矩，估计出理想阶跃模型的参数。与空间矩亚像素边缘定位法相比，由于该方法具有正交性，计算效率略高。

总的来说，基于矩的亚像素边缘定位算法降噪性能较好，但由于涉及模板运算，计算量较大。

（2）拟合法 拟合法是在最小均方误差的准则下，按某种数学模型对数字图像中的灰度或坐标进行拟合，得到目标的多种函数形式，从而确定描述物体的各个参数（如位置、梯度、幅度等），实现目标的亚像素边缘定位。拟合处理可以有效抑制图像中存在的噪声，因此这种方法的抗噪性能好。常用的拟合方法有曲线拟合法和曲面拟合法。

曲线拟合法是根据图像的边缘特征，在边缘梯度方向选择合适的像素点进行曲线拟合，并将拟合曲线的一阶导数最大点或二阶导数过零点的位置作为亚像素边缘点。拟合曲线的形式有多项式函数、高斯函数等。这种方法的缺点是难以准确地找到边缘的梯度方向。

曲面拟合法是对离散数字图像的灰度值或梯度值进行光滑曲面拟合，并利用图像边缘特征确定亚像素边缘位置，该方法由于需要进行多次曲面拟合过程，计算量较大，运行时间较长。

（3）数字相关法 数字相关法是基于互相关函数的相关性而提出的一类亚像素边缘定位算法，它通常选用包含已知目标的像素灰度矩阵为模板，并用模板对待搜索区域进行相关计算，取相关系数最大值来确定亚像素边缘位置。常用的数字相关亚像素边缘定位法包括亚像素步长相关法和相关函数拟合极值法。

步长相关法是在确定了目标的整像素位置即粗定位后，采用亚像素步长对以目标整像素粗定位位置为中心的一个小区域进行相关精定位。理论上，步长的大小决定了相关定位的精度，步长越小，精度越高。但由于图像中噪声的影响，步长小到一定程度后，继续减小步长对提高定位精度没有意义，这种方法的定位精度最高可达到 0.1 像素。

相关函数拟合极值法是基于以最大值为中心的单峰相关函数矩阵分布，并且相关函数在区域内近似满足高斯分布，因此可以通过拟合的方式得到该区域相关函数的解析曲面函数，认为曲面极值点就是目标的亚像素位置。这种方法抗噪性能好，自适应性强，并且具有较高的定位精度。

通过查阅相关文献，比较各种亚像素边缘定位算法的定位精度和计算速度，结果见表3-1。

表 3-1　亚像素边缘定位算法比较

亚像素边缘定位算法	定位精度	计算速度
灰度矩法	低	慢
空间矩法	较高	慢
Zernike 正交矩法	较高	慢
曲线拟合法	较高	快
曲面拟合法	高	慢
步长相关法	高	快
相关函数拟合极值法	较高	慢

目前，拟合法是最常用的一种亚像素边缘定位算法。应用曲线拟合法原理，已有多位学者提出了基于曲线拟合的亚像素边缘定位算法。李云等人在 Sobel 边缘算子的基础上，去掉局部非极大值点获得像素级边缘，并在梯度方向上进行高斯曲线拟合插值，实现图像边缘的亚像素定位。贺忠海等人以 CCD 成像基本原理为基础，采用差分的方法得到边缘灰度值变化的高斯分布，并对差分结果进行高斯曲线拟合，则曲线的顶点就是亚像素边缘点的精确位置。尚雅层等人首先在待测边缘的附近选取一点，并在这一点的附近取几个点，然后对其梯度按高斯模型进行拟合，从而得到亚像素边缘位置。

应用曲面拟合法原理，也有多位学者提出了基于曲面拟合的亚像素边缘定位算法。马睿等人对基于 Facet 模型的亚像素边缘定位算法进行了改进，将其与 Mallat 的小波变换模极大算法相结合，弥补了各自的缺点，达到了提高处理速度和抗噪性能的目的。李帅等人提出了一种基于高斯曲面拟合的亚像素边缘定位算法，它是在使用传统 Canny 算子确定像素级边缘的基础上，再对以像素级边缘为中心的 5×5 窗口内的梯度幅值进行高斯曲面拟合，寻找梯度方向上的局部最大值，以此实现亚像素边缘的精定位。

3.3　高斯积分模型

3.3.1　背光图像边缘特征

采用机器视觉测量系统获取的数字图像经数字化后可以表示为一个矩阵。矩阵的行对应图像的纵坐标，矩阵的列对应图像的横坐标，矩阵的元素对应图像的像素，而元素值就是像素的灰度值。因此，可通过对矩阵进行运算，实现边缘位置的精确定位。

边缘是图像的基本特征，是指图像局部强度变化最明显的区域，也是指数字图像中灰度有阶跃或尖顶状变化的像素点的集合，它具有方向和幅度两个特性，沿边缘方向像素灰度值变化平缓，沿边缘法向像素灰度值变化剧烈，存在于目标与背景、目标与目标、区域与区域之间，并与图像光源强度的一阶导数的不连续性有关，从而表现为阶跃边缘和线条边缘。由于本书中采集的背光源数字图像边缘属于阶跃边缘，因此下面的讨论只针对这种边缘。

由于实际透镜成像系统受到调制传递函数（Modulation Transfer Function，MTF）的限制，因此可将成像系统看作一个低通滤波器。对于不同的成像系统，其调制传递函数不同，可以用点扩散函数（Point Spread Function，PSF）来等效表示调制传递函数。点扩散函数的物理意义是在不考虑加性观测噪声影响的情况下，一个点源通过该成像系统后所形成的扩散图像，而高斯点扩散函数是成像系统和测量系统最为常见的一种系统函数形式。实际边缘可以看作是理想阶跃边缘和点扩散函数卷积的结果，相当于通过点扩散函数对图像进行低通滤波，但这会造成图像丢失一部分高频信息，失去较为敏感的棱边。

若不考虑模糊作用，一维理想阶跃边缘模型可表示为

$$E(x) = \begin{cases} h & x \leqslant \mu \\ h+k & x > \mu \end{cases} \tag{3-6}$$

式中，$E(x)$ 表示位于 x 处的灰度值；h 表示目标灰度值；k 表示灰度对比度；μ 表示边缘位置。

一维高斯点扩散函数可以表示为

$$h(x) = \frac{1}{\sqrt{2\pi}\sigma} e^{-\frac{x^2}{2\sigma^2}} \tag{3-7}$$

则实际图像的边缘特征可以表示为

$$P(x) = E(x) * h(x) = h + \frac{k}{\sqrt{2\pi}\sigma} \int_{-\infty}^{x} e^{\frac{-(t-u)^2}{2\sigma^2}} dt \tag{3-8}$$

式中，$*$ 表示卷积。

式（3-8）表明，经透镜成像系统后，理想阶跃边缘呈现平滑过渡，阶跃处已经变成连续渐近的边缘，如图 3-2b 所示。对式（3-8）求导得

$$P'(x) = E'(x) * h(x) = k\delta(x) * h(x) = kh(x) \tag{3-9}$$

式中，$\delta(x)$ 为理想脉冲函数。

式（3-9）表明实际边缘的一阶导数分布与成像系统的点扩散函数分布一致，两者均符合高斯分布，如图 3-2c 所示；边缘为灰度一阶导数的最大值点，即二阶导数过零点的位置，如图 3-2d 所示。

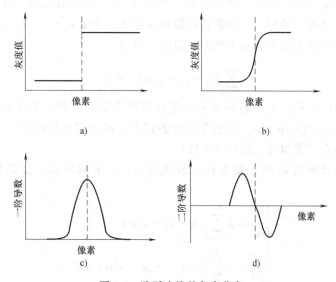

图 3-2 阶跃边缘的灰度分布

a）理想阶跃边缘 b）实际边缘 c）一阶导数 d）二阶导数

3.3.2 模型数值化计算

将图像一维边缘的推导过程推广到二维边缘。二维边缘为一条曲线，位于边缘曲线上的每一个点的法向可以看作是一个一维边缘法截面，因此，边缘点可以定义为其法线方向上的灰度值一阶导数最大点。如果用点扩散函数对边缘导数值进行拟合，会由于存在噪声且求导对噪声较敏感的问题，很难获得准确的灰度导数值，影响亚像素边缘的定位精度。而实际边缘的一阶导数符合高斯分布，则边缘在其法向上的灰度值可以用高斯积分模型表示，即式（3-8）。

由于图像边缘的灰度值是光学能量叠加的结果，在边缘法截线上为阶跃函数与高斯（正态分布）函数的卷积，但由于像素点是离散数据，同时存在各种噪声，使得边缘法截线上的灰度值为起伏的曲线，尽管采用多种滤波算法，像素点的灰度值仍然存在误差，必须对其进行拟合。而高斯积分模型对噪声具有很好的抑制作用，则对灰度值进行拟合，使其符合高斯积分模型。对式（3-8）进行变换，令

$$\frac{t-u}{\sigma}=x \tag{3-10}$$

则 $\mathrm{d}x = \mathrm{d}u/\sigma$，式（3-8）可变为

$$P(t) = h + \frac{k}{\sqrt{2\pi}}\int_{-\infty}^{\frac{t-\mu}{\sigma}} \mathrm{e}^{\frac{-x^2}{2}} \mathrm{d}x$$

$$= h + k\phi(x) = h + k\phi\left(\frac{t-\mu}{\sigma}\right) \tag{3-11}$$

位于边缘法截线上的某一像素点的灰度值 $P(t_i)$ 可以通过归一化处理,使其符合标准正态分布,即每一个像素灰度值对应存在一个值 $a_i = (t_i - \mu)/\sigma$。

根据最小二乘法拟合的最小均方差原则,可知

$$\sum_{i=-n}^{n} (t_i - \mu - a_i\sigma)^2 = E \tag{3-12}$$

在式(3-12)中,a_i 和 t_i 相当于自变量和因变量,a_i 和 t_i 是变化的,理论上二者的关系是 $a_i = (t_i - \mu)/\sigma$,但由于误差的存在,需要对实际数据 a_i 与 t_i 按理论表达式进行最小二乘拟合,即式(3-12)。

由多元函数求极值的必要条件,分别对 μ、σ 求偏导数,使其偏导数等于零,即

$$\begin{cases} \dfrac{\partial E}{\partial \mu} = 2\sum_{i=-n}^{n} (t_i - \mu - a_i\sigma) = 0 \\ \dfrac{\partial E}{\partial \sigma} = 2\sum_{i=-n}^{n} (a_i t_i - a_i\mu - a_i^2\sigma) = 0 \end{cases} \tag{3-13}$$

则可得

$$\begin{cases} \overline{t_i} - \mu - \overline{a_i}\sigma = 0 \\ \overline{a_i t_i} - \overline{a_i}\mu - \overline{a_i^2}\sigma = 0 \end{cases} \tag{3-14}$$

式中,$\overline{t_i}$ 为 t_i 的算术平均值;$\overline{a_i}$ 为 a_i 的算术平均值。

通过式(3-14)解得

$$\begin{cases} \mu = \overline{t_i} - \overline{a_i}\dfrac{\overline{a_i}\,\overline{t_i} - \overline{a_i t_i}}{\overline{a_i}\,\overline{a_i} - \overline{a_i^2}} \\ \sigma = \dfrac{\overline{a_i}\,\overline{t_i} - \overline{a_i t_i}}{\overline{a_i}\,\overline{a_i} - \overline{a_i^2}} \end{cases} \tag{3-15}$$

μ 为边缘法截线方向上,亚像素边缘点与像素级边缘之间的距离,如图3-3所示,通过坐标变换即可得到亚像素边缘点的坐标位置。将各亚像素边缘点进行拟合,可以获得被测对象的亚像素边缘曲线。

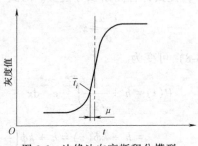

图3-3　边缘法向高斯积分模型

3.4 基于高斯积分曲线的亚像素边缘定位

拟合法是在最小均方差原则下，对离散图像的灰度或坐标等信息进行拟合，它对处理图像噪声效果较好，具有较好的抗噪性能。而常见的曲线拟合法是对边缘灰度或者边缘灰度导数值进行拟合。边缘灰度拟合的基本原理是通过对离散边缘点的位置和灰度值进行曲线拟合，然后对曲线求导，认为导数最大点即为边缘的亚像素位置。边缘灰度导数值拟合则是在确定像素级边缘的基础上，选择合适的像素点计算其梯度值，并对这些梯度值进行曲线拟合，将该曲线一阶导数为零的点作为亚像素边缘点。目前基于拟合法的亚像素边缘定位算法虽然能够实现亚像素边缘的定位，但在拟合过程中滤除噪声的同时，也会使得图像的一些边缘信息丢失，造成图像平滑和边缘保持不能兼顾的问题。为了解决上述问题，本书提出一种基于高斯积分曲线的亚像素边缘定位算法，首先采用八邻域边缘追踪法提取图像的像素级边缘，在此基础上得到像素级边缘的法线方向，并利用贝塞尔曲面插值的方法对像素级边缘法截线上的离散点赋灰度值，最后用高斯积分模型进行曲线拟合，得到高斯积分曲线的均值点坐标，实现亚像素边缘的精确定位。

3.4.1 图像像素级边缘的提取

像素级边缘的提取是实现亚像素边缘定位的前提条件，具有代表性的像素级边缘提取算法有 Canny 算子、摩尔邻域追踪法等。Canny 算子在采用梯度模板计算梯度幅值时，容易检测到伪边缘和丢失一部分边缘细节信息，并且其阈值需要人为设定，自适应性较差。摩尔邻域追踪法则是对二值图像进行扫描，但其无法跟踪大量的图像轮廓，并且停止准则选择不当会造成边缘提取失败。针对上述问题，本书采用一种八邻域边缘追踪算法，可以实现快速有效地提取图像的单像素连续边缘。

（1）梯度幅值计算 目前，已有多位学者提出多种算子模板用来与图像进行卷积运算以得到图像的梯度幅值。其中，Sobel 算子对像素位置的影响做了加权处理，而 3×3 模板具有兼顾准确度和高速度的优点，因此，本书选用 3×3Sobel 算子来实现梯度幅值的计算，其形式可以表示为

$$\begin{bmatrix} 1 & 0 & -1 \\ 2 & 0 & -2 \\ 1 & 0 & -1 \end{bmatrix} \qquad \begin{bmatrix} 1 & 2 & 1 \\ 0 & 0 & 0 \\ -1 & -2 & -1 \end{bmatrix}$$

水平算子   垂直算子

将以像素 $P(i,j)$ 为中心的 3×3 邻域和水平算子进行卷积，得到该像素梯度的水平分量是

$$G_x = P(i-1,j-1) + 2P(i,j-1) + P(i+1,j-1) - P(i-1,j+1) - 2P(i,j+1) - P(i+1,j+1)$$

$$(3\text{-}16)$$

将以像素 $P(i,j)$ 为中心的 3×3 邻域和垂直算子进行卷积，得到该像素梯度的垂直分量是

$$G_y = P(i-1,j-1) + 2P(i-1,j) + P(i-1,j+1) - P(i+1,j-1) - 2P(i+1,j) - P(i+1,j+1)$$

(3-17)

梯度幅值可以用欧几里得范数表示为

$$|G| = \sqrt{G_x^2 + G_y^2}$$

(3-18)

在实际应用中，为了提高计算速度，通常采用 1-范数来表示梯度幅值，即

$$|G| = |G_x| + |G_y|$$

(3-19)

由此，得到梯度幅值图像。

（2）像素级边缘追踪 在完成上述步骤之后，采用梯度直方图的方式确定适当的阈值 T，便于寻找边缘的起始点。对于一幅图像而言，首先逐行扫描每个像素点的梯度值，如果梯度值 $G(i,j) \geq T$，则将该点记为边缘的起始点，并对其进行标记，同时以该点为起点进行边缘追踪，若起始点为 P_0，则追踪过程如图 3-4 所示。

	P_{11}	P_{10}	P_9	
P_3	P_2	P_1	P_{13}	
P_4	P_0	P_8	P_{12}	
P_5	P_6	P_7		

图 3-4 边缘追踪示意图

在确定起始点 P_0 后，寻找以其为中心的八邻域中像素点的梯度最大值，认为该点为下一边缘点，记下坐标位置，并进行标记，然后以该点为起始点继续追踪。如图 3-4 所示，假设下一边缘点为 P_1，则根据现有边缘点 P_0、P_1 位置及单像素边缘特征，可以确定下一边缘点不可能在 P_2、P_8 位置，因此可将这两点的梯度值清零，这样，在寻找以 P_1 为中心的八邻域梯度最大值时，只需比较 P_9 到 P_{13} 这几个像素点的梯度值，可有效减少计算量，提高运算速度。当寻找的边缘点位于图像的边界或起始点时，则边缘追踪结束，否则重复上述过程直至边缘提取结束。其流程图如图 3-5 所示。

3.4.2 算法实现

基于高斯积分曲线的亚像素边缘定位算法的具体实现过程如下。

（1）像素级边缘的拟合与离散 首先，对于获取的高质量图像按照本书所述方法进行像素级边缘提取，得到一系列的离散数据点，将其表示为 (x_i, y_i)，$i = 1, 2, 3, \cdots, m$。为了确定像素级边缘的法向，需要对提取的离散数据点进行拟

合，而最小二乘拟合是一种常用的曲线拟合方法，它可以反映数据点的总体趋势，消除局部波动，达到较好的拟合效果。对于本书的测量对象而言，采用最小二乘三次拟合方法对边缘离散数据点进行处理就可以满足要求。将边缘离散数据点拟合后得到的边缘曲线按一定弧长进行离散，得到像素级边缘点，并计算其法向，确定各像素级边缘点的法截线。

（2）高斯积分曲线拟合点选取 为了准确定位亚像素边缘位置，可以通过像素级边缘拟合曲线在其两侧各确定 i 条法向等距线，并要求法向等距线涵盖边缘过渡带，且兼顾计算量。考虑到亚像素边缘偏离像素级边缘的位置较小，因此，可将法向等距线的间隔用等差数列表示，则第 i 条法向等距线与像素级边缘点之间的距离为

$$l(i) = a_0 i + \frac{i(i-1)}{2} d \qquad (3\text{-}20)$$

式中，a_0 和 d 分别为等差数列的首项和公差。

各像素级边缘点处的法截线与法向等距线的交点即为高斯积分曲线的拟合点。

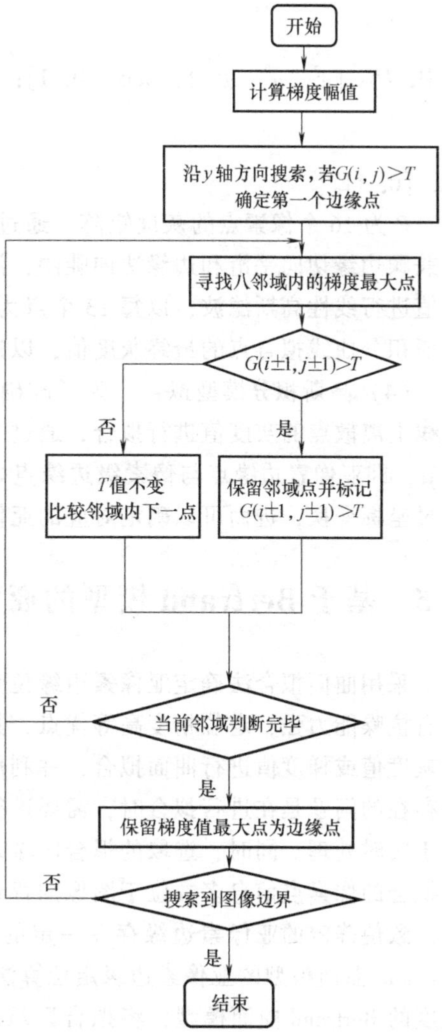

（3）拟合点赋灰度值 由于高斯积分模型拟合点不是整数像素点，因此，需要根据周围像素点的灰度值对这些拟合点进行赋值。贝塞尔曲面插值方法可以根据拟合点附近的 16 个像素点的灰度曲面确定拟合点的灰度值，其灰度曲面可以表示为

$$p(u,w) = \begin{bmatrix} (1-u)^3 & 3(1-u)^2 u & 3(1-u)u^2 & u^3 \end{bmatrix} \boldsymbol{P} \begin{bmatrix} (1-w)^3 \\ 3(1-w)^2 w \\ 3(1-w)w^2 \\ w^3 \end{bmatrix} \qquad (3\text{-}21)$$

$$= \boldsymbol{UBPB}^{\mathrm{T}} \boldsymbol{W}^{\mathrm{T}}$$

图 3-5 像素级边缘提取流程图

式中，$U = \begin{bmatrix} u^3 & u^2 & u & 1 \end{bmatrix}$，$u \in [0, 1]$；$B = \begin{bmatrix} -1 & 3 & -3 & 1 \\ 3 & -6 & 3 & 0 \\ -3 & 3 & 0 & 0 \\ 1 & 0 & 0 & 0 \end{bmatrix}$；$W = \begin{bmatrix} w^3 & w^2 & w & 1 \end{bmatrix}$，$w \in [0, 1]$。

P 为 16 个像素点的灰度矩阵，通过式（3-21）可以得到拟合点的灰度值。为了兼顾边缘切向平滑和边缘法向陡峭，沿边缘法向等距线的切线方向对拟合点的灰度值进行线性高斯滤波，以每 13 个点为一组，采用满足高斯分布的滤波因子计算高斯积分曲线拟合点的最终灰度值，以达到减小噪声影响的目的。

（4）高斯积分模型拟合　为了准确定位亚像素边缘点，按高斯积分模型对法截线上离散点的灰度值进行拟合，通过 3.3.2 节的算法可以得到高斯积分曲线的均值 μ，即亚像素边缘点与像素级边缘点之间的距离，而像素级边缘点的坐标已知，通过坐标变换，进而可以确定对应的亚像素边缘坐标。

3.5　基于 Bertrand 模型的亚像素边缘定位

采用曲面拟合法确定亚像素边缘位置，实质上对图像起到了低通平滑的效果，具有抗噪能力强，定位精度高等优点，其基本原理是对每个像素点邻域内离散图像的灰度值或梯度值进行曲面拟合，并利用连续曲面特征确定亚像素边缘位置。该方法存在的问题是在进行拟合时，需要进行复杂的数学推导和计算，计算量较大，不利于实时处理。同时，选取的拟合区域是以像素级边缘为中心的矩形邻域，造成参与拟合的像素点信息多数位于图像的背景和前景，只有少数像素点位于边缘过渡带上，致使确定的亚像素边缘存在一定的误差。为了解决上述问题，提出一种基于 Bertrand 曲面模型的亚像素边缘定位算法，在提取边缘过渡带的基础上，根据边缘灰度的 Bertrand 曲面模型，将拟合区域内的像素点信息转换为边缘曲线的标架坐标，并按照高斯积分模型拟合灰度值，求得亚像素边缘到像素级边缘曲线的法向距离函数，进而准确定位亚像素边缘位置。

3.5.1　Bertrand 曲面及其性质

Bertrand 曲面可以定义为母线为平面曲线，在单自由度运动条件下所形成的轨迹面，使得该轨迹面在母线各点处的法线共面于母线所在平面。在运动过程中，母线及其所在平面在空间形成单参数平面族，且总存在一条空间曲线与平面族内的所有平面正交，将其称为准线。如图 3-6 所示，在准线上建立曲线的 Frenet 标架，则有

$$R_p = R_p(s) \qquad \{R_p(s); e_1 e_2 e_3\} \tag{3-22}$$

式中，$R_p(s)$ 为准线；s 为准线的自然参数；e_1 为准线的单位切向矢量；e_2 为准线的单位主法向矢量；e_3 为准线的单位副法向矢量；曲线在点 p 处的法面由标架

$\{e_2 \quad e_3\}$ 形成。

由此，准线和标架的几何特征描述了母线在空间的运动特征，为了直观地反映母线的运动情况，Bertrand 曲面的母线极坐标形式可表示为

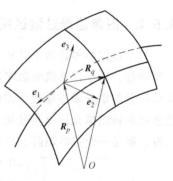

$$\left.\begin{array}{l} \boldsymbol{R}_q(\theta) = r(\theta)\big[\boldsymbol{e}_2\cos(\theta+\alpha)+\boldsymbol{e}_3\sin(\theta+\alpha)\big] \\[2mm] \alpha(s) = -\int \tau(s)\,\mathrm{d}s \end{array}\right\}$$

$$(3\text{-}23)$$

图 3-6　Bertrand 曲面

式中，$r(\theta)$ 是母线在准线法面内的极坐标方程；r、θ 分别为母线极径和极母线角，二者描述了母线的形状；α 为母线在准线标架内的相位角，其变化描述了母线在准线法面内绕 $\boldsymbol{e}_1$ 轴的转动，它是准线对应点处挠率 $\tau(s)$ 的函数。

为了分析 Bertrand 曲面的几何特征，对式（3-23）求导，经整理后可得

$$\left.\begin{array}{l} \boldsymbol{R}_s = \boldsymbol{e}_1\big[1-rk_g\cos(\theta+\alpha)-rk_n\sin(\theta+\alpha)\big] \\[2mm] \boldsymbol{R}_\theta = \sqrt{r'+r^2}\,\big[\boldsymbol{e}_2\cos(\theta+\gamma+\alpha)+\boldsymbol{e}_3\sin(\theta+\gamma+\alpha)\big] \\[2mm] \tan\gamma = \dfrac{r}{r'} \qquad r' = \dfrac{\mathrm{d}r}{\mathrm{d}\theta} \end{array}\right\}$$

$$(3\text{-}24)$$

式中，k_g、k_n 分别为准线的测地曲率和法曲率；γ 为母线的切线与径向线夹角，称为径切角。

对式（3-24）中的 $\boldsymbol{R}_s$、$\boldsymbol{R}_\theta$ 求矢积，可进而得到 Bertrand 曲面的法向矢量：

$$\boldsymbol{N} = \big[1-rk_g\cos(\theta+\alpha)-rk_n\sin(\theta+\alpha)\big]\sqrt{r'^2+r^2}\,\big[-\boldsymbol{e}_2\sin(\theta+\gamma+\alpha)+\boldsymbol{e}_3\cos(\theta+\gamma+\alpha)\big]$$

$$(3\text{-}25)$$

可以看出，式（3-25）不仅是 Bertrand 曲面的法向矢量表达式，也是母线法向矢量表达式，说明 Bertrand 曲面沿母线各点处法线共面于母线所在平面，简称"曲面沿母线的法线共面"。除此之外，式（3-23）也是 Bertrand 曲面成立的必要条件。

特殊情况下，当准线为平面曲线时，e_3 为常矢量，准线的挠率 $\tau(s)$ 恒等于零，此时 α 为常数。为研究方便，可假设 $e_3 = \boldsymbol{k}$，$\alpha = 0$，此时，Bertrand 曲面的方程可简化为

$$\boldsymbol{R}(s,\theta) = \boldsymbol{R}_p(s)+r(\theta)\big[\boldsymbol{e}_2(s)\cos(\theta)+\boldsymbol{k}\sin(\theta)\big]$$

$$(3\text{-}26)$$

可以看出，Bertrand 曲面的结构主要取决于准线和母线的形状特征这两个关键因素，不同的准线和母线会构造出不同类型的 Bertrand 曲面，典型的 Bertrand 曲面包括回转面、可展面、法向圆弧曲面等。综上所述，Bertrand 曲面是从工程角度出发而定义的一类特殊曲面，其基本特征为曲面沿母线各点的法线与母线共面。针对这一特征，将其应用于亚像素边缘定位算法中，以达到减小边缘定位误差和简化算法的目的。

3.5.2 图像边缘过渡区提取

为了运用各种数学工具和数学算法来处理和分析图像，需要用数学函数来描述一幅图像。由于计算机和数字成像系统的离散特性，连续光强图像经离散化后，一般采用数学矩阵来描述数字图像。数字化包括两个过程：将图像空间坐标离散化为像素点和将图像光强值离散化为像素灰度值。经过离散化后的数字图像从数学形式上看，就是一个数学矩阵。可表示为

$$\boldsymbol{P}(r,c) = \begin{bmatrix} p(0,0) & p(0,1) & \dots & p(0,n-1) \\ p(1,0) & p(1,0) & \dots & p(1,n-1) \\ \vdots & \vdots & \vdots & \vdots \\ p(m-1,0) & p(m-1,0) & \dots & p(m-1,n-1) \end{bmatrix} \quad (3\text{-}27)$$

该数学矩阵元素排列的位置 (r, c) 代表像素点在图像上的空间位置，矩阵中的元素数值 $p(i, j)$ 对应于像素点的灰度值。用矩阵表示数字图像后，可采用加、减、乘、除、微分、积分等数学运算对表示数字图像的数学矩阵进行处理。因此，通过对矩阵的各种运算，可以实现图像边缘的精确定位。

边缘过渡区是图像中存在的特定区域，一般具有以下特点：

1）过渡区像素是由背景和目标之间的部分像素构成的，其空间位置位于背景和目标之间，灰度值介于背景灰度值和目标灰度值之间。

2）过渡区既有边缘的特点，可以将不同区域（背景和目标）分开；又有区域的特点，具有一定的宽度且面积不为零。

3）过渡区分布在目标周围，该区域灰度值的变化率比其他区域的变化率大，它是图像中灰度等级分布较多的区域，因此包含的信息较为丰富。

图 3-7a 所示为 5 级渐开线直齿圆柱齿轮的背光数字图像，截取其局部渐开线齿廓，并放大显示到像素，如图 3-7b 所示。显然，对于本书所述系统获取的图像而言，其边缘只存在于过渡区内，且过渡区的宽度大概为 10 个像素。为了准确定位亚像素边缘，可提取图像的边缘过渡区，并沿边缘的切线和法线方向选取拟合点进行曲面拟合。

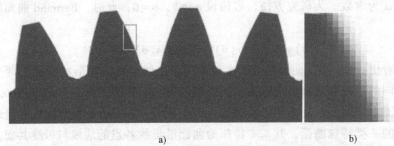

a)   b)

图 3-7　背光数字图像

a）齿轮原图像　b）齿轮局部边缘

目前，提取图像边缘过渡区的方法有许多种，主要可以分为两类：基于梯度的过渡区提取算法和基于非梯度的过渡区提取算法。其中梯度法抗噪性差，在进行过渡区提取时，容易受到噪声的影响；而非梯度法虽然可以减弱对噪声的影响，但有时会出现采样不足的情况，并且计算量较大。为此，在3.4.1节算法的基础上提出一种更为简单的边缘过渡区提取算法。根据获取的连续、单像素边缘，逐点以其为中心确定半径为 N 个像素的圆，将在圆范围内的所有像素点保留，并进行标记，若像素点为重复标记，则剔除相同的像素点，最后得到宽度为 $2 \times N$ 个像素的边缘过渡区，用于根据 Bertrand 模型拟合边缘灰度曲面，实现亚像素边缘的精确定位。

3.5.3 算法实现

根据建立的高斯积分模型，可知边缘灰度曲面可以是以高斯积分曲线为母线，沿准线为待求的亚像素边缘曲线运动所形成的 Bertrand 曲面，如图3-8所示。求亚像素边缘曲线的过程本质上就是根据图像边缘灰度的 Bertrand 曲面模型反求准线的过程。但由于形成 Bertrand 曲面的准线有许多条，而待求的亚像素边缘曲线则是通过特征点为高斯积分曲线均值点的准线。

若根据3.4.1节算法提取的图像像素级边缘曲线的方程为 $\boldsymbol{R}_1(s)$，法向为 e_2，由于图像的亚像素边缘曲线和像素级边缘曲线基本一致，只在法向具有微小差别，因此亚像素边缘曲线的单位切向矢量和单位法向矢量可以近似使用像素级边缘曲线的单位切向矢量和单位法向矢量表示。那么亚像素边缘曲线的方程可以表示为

$$\boldsymbol{R}_p(s) = \boldsymbol{R}_1(s) + \mu(s) \boldsymbol{e}_2(s) \tag{3-28}$$

式中，$\mu(s)$ 为图像亚像素边缘曲线和像素级边缘曲线在对应点处的法向距离函数，其关系如图3-9所示。

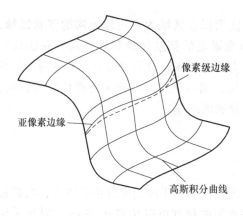

图3-8 边缘灰度曲面

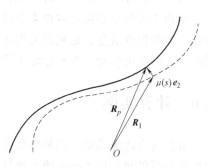

图3-9 边缘关系图

由于图像的像素级边缘曲线 $\boldsymbol{R}_1(s)$ 已知，因此计算亚像素边缘曲线的过程实质是求二者法向距离函数 $\mu(s)$ 的过程，可通过3.3.2节的算法求得法向距离函数 $\mu(s)$。

对于背光数字图像而言，其边缘过渡区灰度值分布均匀，并且沿边缘方向选取的拟合区域相对较小，可近似认为亚像素边缘曲线和像素级边缘曲线为法向等距线，即高斯积分模型中的 R、σ 在一定邻域内近似为常量。根据高斯积分模型，可知

$$t_i = \sigma a_i + \mu \tag{3-29}$$

由式（3-29）可以看出 t_i 和 a_i 成线性关系，将其拟合后所得直线的截距就是亚像素边缘与像素级边缘之间的法向距离 μ。根据像素级边缘曲线和法向距离，由坐标变换即可得到对应亚像素边缘点的坐标位置。

采用 Bertrand 曲面模型思想确定亚像素边缘的具体求解过程如下：

1）以计算点为中心，适当选取曲面拟合区域，且保证在边缘法线方向上，区域包含边缘过渡区和前景与背景图像部分，控制前景和背景范围为最小；在边缘方向上选取的区域应既能达到足够的拟合精度，又能够尽量减小计算量，一般取边缘过渡区宽度的 5 倍。

2）利用 Bertrand 曲面具有沿母线各点处的法线共面于母线所在平面的特征，在图像平面内建立边缘曲线标架坐标系，将拟合区域内的图像坐标转换为边缘曲线的标架坐标，即计算拟合区域内所有点到像素级边缘曲线的法向距离，并将该距离定义为坐标 t_i，同时通过灰度对比度 K 进行各点灰度值的归一化处理。

3）标准正态分布表可通过 MATLAB 语言生成，它可以表示为 $x \in (-\infty, +\infty)$，$y \in (0, 1)$ 的两列数，其中归一化灰度值对应表中的 y 值，因此可通过插值的方式得到各点归一化灰度值对应的 x 值，即积分上限 a_i。

4）根据拟合区域中各点的坐标 t_i 和 a_i，由式（3-29）可以求得该计算点对应的亚像素边缘到像素级边缘曲线的法向距离 μ，进而通过像素级边缘曲线和法向距离信息，得到亚像素边缘点的坐标位置。

在进行 Bertrand 曲面拟合时，选取的曲面拟合区域为沿边缘方向的带状区域，利用 Bertrand 曲面的特征，将区域内所有像素点的信息转换到计算点所在法线方向，相当于将多个法截面内像素点的信息沿待求亚像素边缘曲线方向叠加到一个平面内，增加拟合信息，起到误差均化的作用，减小误差对亚像素边缘位置的影响，同时，可以解决图像平滑和边缘保持不能兼顾的问题。

3.6　计算实例

量块具有边缘简单、测量面精度高等优点，有利于准确定位边缘特征，根据量块检定规范可知，1~10mm 的 1 等量块测量面的精度可以达到 0.05μm，因此采用量块来评价边缘定位算法。图 3-10a 所示为机器视觉测量系统采集的 10mm 量块原图像，其局部边缘图像如图 3-10b 所示。

采用基于高斯积分曲线拟合的亚像素边缘算法对图 3-10b 所示的量块部分边缘

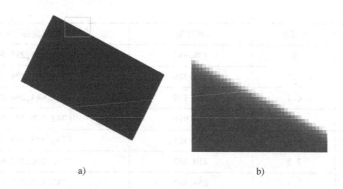

图 3-10　量块图像

a）原图像　b）局部边缘图像

进行亚像素定位时，在像素级边缘拟合曲线两侧各确定 7 条法向等距线，等距线之间的间隔为首项为 0.3 像素，公差为 0.1 像素的等差数列，则可以确定边缘法截线上的高斯积分曲线拟合点，保证拟合点覆盖边缘过渡区。

像素级边缘拟合曲线上某点的坐标为（741.626，294.636）像素，其法向的方向角为 63.01°，则基于高斯积分模型拟合的法截线灰度值结果如图 3-11 所示，该点对应的高斯积分曲

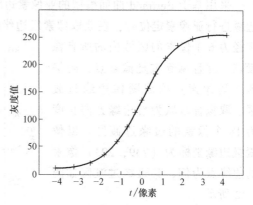

图 3-11　法截线上的高斯积分拟合曲线

线拟合点信息见表 3-2。可以看出，边缘法向的灰度值符合高斯积分模型。根据拟合后的高斯积分曲线，可以求得其均值为 -0.168 像素，由像素级边缘拟合曲线上的边缘点坐标和法向方向角，可求得对应的亚像素级边缘点坐标为（741.550，294.786）像素。

表 3-2　高斯积分曲线拟合点信息

序号	t/像素	灰度值	图像坐标/像素
1	-4.2	11.439	（739.721，298.379）
2	-3.3	13.756	（740.129，297.577）
3	-2.5	19.637	（740.492，296.864）
4	-1.8	34.192	（740.810，296.240）
5	-1.2	58.134	（741.082，295.706）
6	-0.7	86.939	（741.309，295.260）
7	-0.3	114.963	（741.490，294.903）

（续）

序号	t/像素	灰度值	图像坐标/像素
8	0	136.982	(741.626,294.636)
9	0.3	158.789	(741.762,294.369)
10	0.7	186.839	(741.944,294.012)
11	1.2	214.919	(742.170,293.567)
12	1.8	238.123	(742.443,293.032)
13	2.5	250.363	(742.760,292.408)
14	3.3	254.562	(743.123,291.695)
15	4.2	254.997	(743.531,290.893)

采用基于 Bertrand 曲面模型的亚像素边缘定位算法对图 3-10b 所示的量块局部边缘进行亚像素定位时，在获取像素级边缘的基础上，提取以像素级边缘为中心，半径为 6 个像素的区域内的所有像素点，并且剔除重复像素点，则保留下的像素点构成图像边缘过渡区。取拟合区域为沿边缘方向长度为 18 个像素的边缘过渡区。以像素级边缘坐标为（739，293）像素的边缘点为例，其边缘过渡区如图 3-12 所示。

利用 Bertrand 曲面具有"沿母线法线共面"的特点，将位于曲面拟合区域，且在边缘过渡区内的像素点信息沿像素级边缘方向转换到

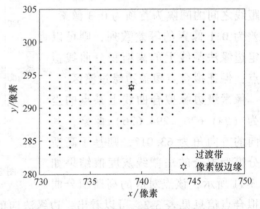

图 3-12 量块边缘过渡区

待求边缘的法截线方向，则各点到像素级边缘的法向距离 t_i 与其归一化灰度值的关系如图 3-13 所示。可以看出，拟合区域内的像素点灰度值分布满足高斯积分模型。

对于转换后的边缘曲线标架坐标，其积分上限 a_i 与各点到像素级边缘的法向距离 t_i 成线性关系，如图 3-14 所示。则拟合直线的截距就是亚像素边缘点到像素级边缘的法向距离，即高斯积分模型的均值点，求得该值为 0.413 像素。由像素级边缘点坐标以及法向矢量与 x 坐标轴的夹角，可确定该点对应的亚像素边缘点坐标为（739.089，292.925）像素。

评价边缘定位算法优劣的指标主要有两个，即准确度和精确度。准确度是用于描述亚像素边缘定位算法提取的边缘与真实边缘相符合的程度；而精确度则是指采用亚像素边缘定位算法对同一被测物体进行多次测量，各测量值彼此接近的程度，

它用于描述测量的重复性和再现性。下面分别验证本书提出的两种算法的定位准确度和定位精确度。

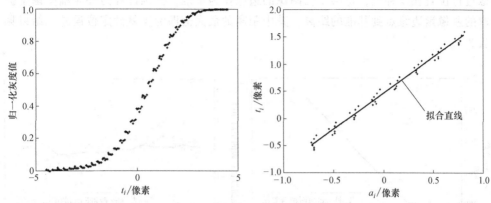

图 3-13 曲面拟合区域归一化灰度值分布　图 3-14 积分上限 a_i 与法向距离 t_i 的线性关系

（1）定位准确度　分别应用改进 Facet 曲面拟合算法、高斯拟合算法以及本书提出的高斯积分曲线拟合算法和 Bertrand 曲面模型算法对如图 3-10b 所示的量块局部边缘进行亚像素定位，其结果如图 3-15 所示。可以看出，四种算法确定的亚像素边缘具有较高的一致性，说明了本书提出的算法对确定亚像素边缘的有效性。由于量块测量面的精度可以达到 0.05μm，则可以认为误差补偿后的成像边缘拟合结果为理想直线，因此对提取的亚像素边缘（误差补偿后）进行拟合，得到各边缘点到拟合直线的距离，用以评价边缘定位算法的定位准确度，其结果如图 3-16 所示。可以看出，采用改进 Facet 曲面拟合算法和高斯拟合算法提取的亚像素边缘局部跳跃量较大，直线度误差分别为 3.3μm 和 4μm，而采用本书提出的高斯积分曲线拟合算法和 Bertrand 曲面模型算法确定的亚像素边缘局部跳跃量小，较为平滑，直线度误差仅为 1μm 和 0.7μm，说明本书提出的两种算法定位准确度有所提高。

从算法原理上进行分析，改进 Facet 曲面拟合算法选取的拟合窗口具有一定的局限性，无法实现边缘切向和法向信息的分离，从而影响边缘的定位精度。高斯拟合算法则是对梯度信息进行拟合，其对灰度变化较为敏感，容易产生较大的误差。而本书提出的两种算法都是以高斯积分模型为基础，将像素点信息纠正到理论高斯积分模型上，同时保持边缘切向平滑和法向陡峭，以达到消除噪声、提高定位精度的目的。其中高斯积分曲线拟合法是对像素级边缘法截线上的信息进行处理，实现边缘的亚像素定位；而 Bertrand 曲面模型算法则将多个边缘法截线的信息叠加到一个平面内，起到了均化的作用，可进一步提高边缘定位精度。同时，本书提出的算法简化了拟合过程，减少了计算量，在计算效率方面具有一定的优势。

（2）定位精确度　应用本书第 2 章所述的机器视觉测量系统，在测量条件不变的情况下，连续采集 5mm、8mm、10mm 量块图像各 5 幅。对于精确度而言，采用改进 Facet 曲面拟合算法、高斯拟合算法以及本书提出的高斯积分曲线拟合算法和 Bertrand 曲面模型算法提取量块测量面的边缘，并根据本书建立的标定模型对边缘进行位置误差补偿，将第 1 幅图像的边缘作为基准，分别计算另外 4 幅图像中提取的亚像素边缘点到基准的距离，其中距离的最大值即为重复性定位误差，结果见表 3-3。

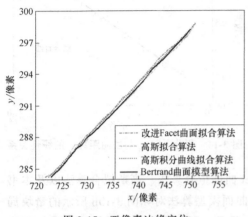

图 3-15　亚像素边缘定位　　　　　图 3-16　各边缘点到拟合直线的距离

表 3-3　定位精确度实验结果　　　　　　　　（单位：像素）

测试量块		距离				
		图 1	图 2	图 3	图 4	图 5
改进 Facet 曲面拟合算法	5mm 量块	0	0.02423	0.01834	0.02564	0.02921
	8mm 量块	0	0.03346	0.02536	0.01875	0.03314
	10mm 量块	0	0.02731	0.01946	0.02219	0.02842
高斯拟合算法	5mm 量块	0	0.02713	0.02432	0.02641	0.02218
	8mm 量块	0	0.02835	0.03104	0.02679	0.02984
	10mm 量块	0	0.03177	0.03482	0.02731	0.02243
高斯积分曲线拟合算法	5mm 量块	0	0.01599	0.01152	0.01172	0.01469
	8mm 量块	0	0.01148	0.01096	0.01167	0.01312
	10mm 量块	0	0.01308	0.01242	0.01228	0.01224
Bertrand 曲面模型算法	5mm 量块	0	0.01035	0.01195	0.01024	0.00918
	8mm 量块	0	0.00989	0.01164	0.01054	0.01176
	10mm 量块	0	0.00947	0.01139	0.01278	0.01073

　　从表 3-3 可以看出，高斯积分曲线拟合算法和 Bertrand 曲面模型算法的最大重复性定位误差分别为 0.01599 像素和 0.01278 像素，明显优于改进 Facet 曲面拟合算法和高斯拟合算法的定位精确度，能够满足系统的测量精度要求。

为了进一步验证高斯积分曲线拟合算法和 Bertrand 曲面模型算法的测量精度，分别使用改进 Facet 曲面拟合算法、高斯拟合算法以及本书提出的高斯积分曲线拟合算法和 Bertrand 曲面模型算法进行量块直线边缘定位。以量块的一条亚像素边缘为计算基准，分别计算量块的另一条亚像素边缘到基准的距离，根据系统标定的像素当量，计算量块的测量尺寸，结果见表 3-4。

表 3-4　量块测量尺寸结果　　　　　　（单位：μm）

测量量块		改进 Facet 曲面拟合算法		高斯拟合算法		高斯积分曲线拟合算法		Bertrand 曲面模型算法	
		测量尺寸	测量误差	测量尺寸	测量误差	测量尺寸	测量误差	测量尺寸	测量误差
5mm	1	4999.854	-0.146	4999.757	-0.243	4997.688	-2.312	4998.235	-1.765
	2	5002.373	2.373	5001.431	1.431	5000.446	0.446	5000.345	0.345
	3	4999.775	-0.225	4999.874	-0.126	4998.341	-1.659	4998.576	-1.424
	4	5000.274	0.274	5000.837	0.837	4998.747	-1.253	4999.053	-0.947
	5	5002.553	2.553	5003.116	3.116	4999.883	-0.117	5000.193	0.193
8mm	1	8001.924	1.924	8002.314	2.314	7999.258	-0.742	7999.787	-0.213
	2	8002.735	2.735	8003.126	3.126	7999.115	-0.885	7999.354	-0.646
	3	8001.852	1.852	8002.351	2.351	7999.021	-0.979	7998.924	-1.076
	4	8003.614	3.614	8002.983	2.983	7999.146	-0.854	7999.047	-0.953
	5	7999.842	-0.158	8000.625	0.625	7999.787	-0.213	8000.249	0.249
10mm	1	10001.924	1.924	10001.924	1.924	9999.774	-0.226	10000.173	0.173
	2	10002.675	2.675	10002.852	2.852	10000.387	0.387	10000.335	0.335
	3	10001.226	1.226	10002.265	2.265	9998.731	-1.269	9999.231	-0.769
	4	10001.675	1.675	10001.101	1.101	9998.944	-1.056	9999.168	-0.832
	5	10001.852	1.852	10002.386	2.386	9999.363	-0.637	9999.253	-0.747
平均测量误差		1.610		1.796		-0.758		-0.538	

由表 3-4 可知，高斯积分曲线拟合算法和 Bertrand 曲面模型算法的测量精度高于改进 Facet 曲面拟合算法和高斯拟合算法。考虑到光源强度会对边缘的精确定位产生重要影响，根据光源强度边缘位置误差补偿模型，高斯积分曲线拟合算法和 Bertrand 曲面模型算法可以在边缘的法向通过将所求 μ 值与补偿值相加进行误差补偿，进一步提高定位精度。

第4章

齿轮机器视觉精密测量

齿轮是典型的标准化传动零件，广泛应用于机器设备、航空航天、仪器仪表等领域。齿轮的传动精度会直接影响机器的传递功率、工作精度、承载能力、噪声和使用寿命等。在齿轮加工过程中，齿轮检测不仅是评定齿轮质量的重要手段，也是提高齿轮加工工艺水平的有效方法。随着机器视觉技术和计算机图像处理技术水平的不断提高，基于机器视觉的齿轮测量技术也得到了快速发展。本章研究基于机器视觉图像的中小模数 5 级精度标准渐开线直齿圆柱齿轮测量技术，应用第 2 章建立的机器视觉精密测量系统获取图像，针对圆柱齿轮，利用渐开线特征，提高齿轮测量的精度与效率。

4.1　齿廓图像边缘过渡带内像素点参数数据库

为了提高齿轮机器视觉精密测量计算速度，本章建立了统一的齿廓图像边缘过渡带内像素点的参数数据库，将各项测量的参数进行了规范化，可保证数据库中渐开线齿廓图像边缘过渡带内任意像素点 P_k 参数的唯一性，提高计算数据的检索速度。通过构建数据库中各参数之间的衔接，可实现数据的完整性。本章根据机器视觉图像的数据特点和各种测量算法的需要，对齿廓图像边缘过渡带内像素点的 16 个参数建立了统一的数据库。

4.1.1　齿廓图像边缘过渡带内像素点的几何参数关系

渐开线齿廓图像边缘过渡带内任意像素点 $P_k(k=1, 2, 3, \cdots, N)$ 的几何参数关系如图 4-1 所示。根据渐开线齿廓的性质，齿廓图像边缘过渡带内任意像素点 P_k 均通过一条发生于齿轮基圆的渐开线 L_k，L_k 与基圆交点的相位角 φ_k，称为该渐开线的初始相位角，也称为像素点 P_k 的初始相位角。齿廓图像边缘过渡带上一系列像素点构成一簇渐开线。任意像素点 P_k 的位置可以根据各种测量算法的需要，分别以其图像坐标 (x_k, y_k)、以齿轮中心为原点的极坐标 (r_k, λ_k)，以及像素点

60

所在渐开线 L_k 的初始相位角 φ_k 和像素点在渐开线 L_k 上的位置参数压力角 α_k、展角 θ_k、张角 χ_k、相位角 τ_k 等参数来表示。

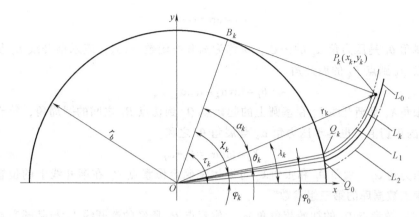

图 4-1　渐开线齿廓图像边缘过渡带内任意像素点的几何参数关系

4.1.2　像素点数据库参数的确定

（1）像素点 P_k 的图像坐标 x_k、y_k 和灰度值 g_k　黑白相机返回的每个像素经过灰阶计算（即光照强度对应黑白亮度变化的哈希变换）转换为灰度值图像。因此图像可以被简单地视为一个二维数组，此数组正是程序设计语言中表示图像时所使用的数据结构。将宽度为 ω、高度为 h 的图像，用离散二维平面 Z^2（即 $R \subset Z^2$）的一个矩形子集 $R = \{0, \cdots, h-1\} \times \{0, \cdots, \omega-1\}$ 来表示，其中任意像素（x，y）处所对应的灰度值 g 定义为 $g = f(y, x)$。经过图像预处理和图像分割，齿廓图像边缘过渡带内像素点 P_k 的图像坐标 x_k、y_k 和灰度值 g_k 构成像素点数据库的三个基本参数。

（2）像素点 P_k 的极径 r_k 与极角 λ_k　为了便于渐开线齿廓参数计算，需要对像素点的图像坐标进行极坐标变换。在图像直角坐标系中，将齿轮图像的基圆中心作为计算中心，以基圆中心点 $O(x_0, y_0)$ 作为极坐标系的原点，原点 $O(x_0, y_0)$ 到渐开线齿廓图像边缘过渡带内任意像素点 P_k 的距离 r_k，称为像素点 P_k 的极径；极轴 Ox 与射线 OP_k 之间的夹角 λ_k，称为像素点 P_k 的极角。

$$r_k = \sqrt{(x_k - x_0)^2 + (y_k - y_0)^2}$$

$$\lambda_k = \arccos \frac{x_k - x_0}{r_k}$$

极径 r_k 与极角 λ_k 是渐开线参数变换的基础参数，构成像素点数据库的第二组参数。

（3）像素点 P_k 的压力角 α_k、展角 θ_k 和张角 χ_k　压力角是渐开线标准化的基本参数之一，它表示像素点 P_k 所在渐开线的压力方向与圆周速度方向的夹角。可以用像素点 P_k 的极径 r_k 和齿轮基圆半径 r_b 计算得到

$$\alpha_k = \arccos \frac{r_b}{r_k} \tag{4-1}$$

展角 θ_k 是压力角 α_k 的函数，也称为渐开线函数 $\mathrm{inv}\alpha_k$，表示渐开线 L_k 从基圆起始点 Q_k 到点 P_k 的展开角。

$$\theta_k = \mathrm{inv}\alpha_k = \tan\alpha_k - \alpha_k \tag{4-2}$$

张角 χ_k 是渐开线 L_k 在基圆上的起始点 Q_k 到切点 B_k 之间的圆周角，等于压力角 α_k 的正切值，也等于压力角 α_k 与展角 θ_k 之和。

$$\chi_k = \tan\alpha_k = \theta_k + \alpha_k \tag{4-3}$$

压力角 α_k、展角 θ_k 和张角 χ_k 可以用来确定像素点 P_k 在渐开线上的位置，构成像素点数据库的第三组参数。

（4）像素点 P_k 的初始相位角 φ_k 像素点 P_k 所经的渐开线 L_k 与基圆交点的相位角 φ_k 称为渐开线 L_k 的初始相位角。

$$\varphi_k = \lambda_k \pm \theta_k \tag{4-4}$$

式中，"$\pm$" 表示分别用于左、右齿廓，左齿廓取 "$+$"，右齿廓取 "$-$"。

像素点 P_k 的初始相位角 φ_k 是其所在渐开线在基圆上定位的基本参数，构成像素点数据库的第四组参数。

（5）像素点 P_k 的基圆切点相位角 τ_k 像素点 P_k 所在渐开线 L_k 过点 P_k 的法线与基圆相切于点 B_k，点 B_k 的相位角称为点 P_k 的基圆切点相位角 τ_k。

$$\tau_k = \chi_k + \varphi_k \tag{4-5}$$

基圆切点相位角 τ_k 是边缘过渡带沿切向分段的基本参数，构成像素点数据库的第五组参数。

（6）像素点 P_k 的法向偏距 t_k 齿廓图像边缘过渡带内所有像素点的初始相位角 φ_k 的平均值为 φ_0。

$$\varphi_0 = \frac{1}{n} \sum_{k=1}^{n} \varphi_k \tag{4-6}$$

式中，n 为齿廓图像边缘过渡带内像素点的个数；φ_0 称为齿廓的平均初始相位角，φ_0 对应一条位于齿廓图像边缘过渡带中心位置的渐开线 L_0。

渐开线 L_0 作为齿廓边缘检测的相对基准，边缘过渡带内任意像素点 P_k 到相对基准渐开线 L_0 的法向偏距为

$$t_k = r_b(\varphi_k - \varphi_0) \tag{4-7}$$

（7）归一化的灰度值 G_k 和标准正态分布积分上限值 Z_k 为了便于对边缘过渡带灰度曲面进行最小二乘拟合，首先对 Bertrand 灰度曲面进行正态分布的标准化变换，需要对边缘过渡带内像素点的灰度值进行归一化处理，归一化灰度值。

$$G_k = (g_k - g_{\min})/(g_{\max} - g_{\min}) \tag{4-8}$$

归一化后的 G_k 符合正态分布，按照标准正态分布公式 $\Phi(Z) = \int_{-\infty}^{Z}$ $\dfrac{1}{\sqrt{2\pi}} e^{-u^2/2} du$，查表可以得到像素点 P_k 对应的标准正态分布积分上限值 Z_k。

像素点 P_k 的法向偏距 t_k 和对应的标准正态分布积分上限值 Z_k 是采用改进 Bertrand 灰度曲面模型检测亚像素边缘的基本参数，构成像素点数据库的第六组参数。

4.2 齿轮齿距偏差视觉精密测量

齿轮检测的目的是对各齿面的形状偏差和位置偏差做出评价，齿轮的齿面形状偏差由端面齿廓形状偏差和螺旋线偏差来评价，而齿面的位置偏差则由齿距偏差来评价。对于机器视觉测量直齿圆柱齿轮来说，其根本目的包括两个方面：①精确检测出齿廓的图像边缘，以此来评价端面齿廓形状偏差；②根据齿廓边缘信息对齿廓在圆周上进行精确定位，以此来评价齿轮的齿距偏差。因此，本节将针对上述两方面问题展开研究。对于齿廓圆周位置定位，传统的测量方法无法适应机器视觉精密测量，本章在研究机器视觉精密测量图像和渐开线特性的基础上，提出了采用数学统计方法确定齿廓圆周位置的新算法。

4.2.1 Bertrand 灰度曲面模型亚像素边缘检测算法改进

对基于 Bertrand 灰度曲面模型的亚像素边缘检测算法进行改进，就是要利用边缘过渡带内像素点参数数据库的信息，减少中间计算环节，直接计算得到亚像素边缘。以下从三个方面对算法进行改进，一是利用齿廓边缘过渡带内像素点的初始相位角 φ_k 计算齿廓平均初始相位角 φ_0，以 φ_0 对应的渐开线 L_0 作为相对基准，计算像素点 P_k 到相对基准渐开线 L_0 的法向偏距 t_k；二是合理选取二值化边缘过渡带的灰度阈值 Δg，使在边缘过渡带内归一化灰度值 G_k 的正态分布曲线的反函数具有单值性；三是利用渐开线法线与基圆相切，基圆切点相位角 τ_k 相等的像素点具有共同法线的性质，直接用 τ_k 值进行边缘过渡带的 Bertrand 灰度曲面段划分。

（1）基于渐开线特性的 Bertrand 灰度曲面切向与法向离散化算法 基于 Bertrand 灰度曲面模型的亚像素边缘检测改进算法的关键步骤是对边缘过渡带进行切向与法向离散化分段。对于渐开线图像，边缘过渡带点的法线方向为过该点的基圆切线方向，因此可以利用渐开线这一性质快速实现边缘过渡带区间划分。

在机器视觉测量图像中，渐开线齿廓图像边缘过渡带内任意像素点的几何参数关系及分割间断点如图 4-2 所示。4.1.2 节已经对齿廓图像边缘过渡带内像素点各参数的定义进行了介绍，其中像素点 P_k 的基圆切点相位角 τ_k 定义为过点 P_k 的渐开线 L_k 法线与基圆的切点 B_k 的相位角，τ_k 相等的像素点具有共同的法线。因此，

可以用像素点 P_k 的 τ_k 参数大小来进行齿廓图像边缘过渡带的切向分段，将符合条件 $\tau_k \in [\tau_i, \tau_{i+1}]$ 的像素点分类为第 i 段内的像素点。其中，τ_i 为分段节点，$i=1, 2, 3, \cdots, n$；n 为齿廓图像边缘过渡带的分段数。

为了实现齿廓图像边缘过渡带沿渐开线等弧长分段，需要对渐开线 L_0 进行等弧长分割。

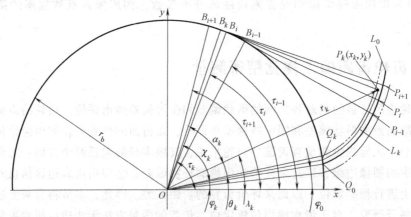

图 4-2　渐开线齿廓图像边缘过渡带内任意像素点的几何参数关系及分割间断点

将渐开线 L_0 从基圆到齿顶圆的部分进行等弧长分段，得到其分割间断点 P_i（$i=1, 2, 3, \cdots, n$，为离散分割间断点的序号）。

当给定的分段弧长 Δs 很小时，可以得到在点 P_i 邻域内的近似差分方程

$$\Delta s \approx r_b \tan\alpha_i (\tan\alpha_{i+1} - \tan\alpha_i) \tag{4-9}$$

从而可以得到基圆起始位置的渐开线分割点 P_i 处的压力角 α_i 的递推公式

$$\tan\alpha_{i+1} = \Delta s / (r_b \tan\alpha_i) + \tan\alpha_i \tag{4-10}$$

递推公式（4-10）的起始值由齿廓测量区域的下限半径 r_1 确定

$$\tan\alpha_1 = \tan\left(\arccos \frac{r_b}{r_1}\right) \tag{4-11}$$

则分割点 P_i 处的切点相位角

$$\tau_i = \tan\alpha_i + \varphi_0 \tag{4-12}$$

利用式（4-12）将边缘过渡带灰度曲面区域划分问题，从复杂的几何运算转换为简单的代数运算，大大提高了基于 Bertrand 灰度曲面模型的亚像素边缘检测速度，满足了快速测量的实时计算要求。通过改变分段弧长 Δs，可以改变边缘过渡带曲面沿边缘切向分割的区域长度和区域内像素点的数量，保证了灰度曲面的拟合精度和边缘点的检测精度。

对于边缘过渡带灰度曲面在边缘法向上的分割，采用了灰度双阈值分割方法。在提取边缘过渡带时，根据图像阶跃边缘特征，可知限定灰度值范围，使像素点的归一化灰度正态分布曲线的反函数具有单值性。

上述方法实现了渐开线齿廓边缘过渡带灰度曲面在边缘法向上的分割。

（2）基于 Bertrand 灰度曲面模型亚像素边缘检测的改进算法　基于 Bertrand 灰度曲面模型亚像素边缘检测的改进算法，是以齿廓边缘过渡带内像素点参数数据库为基础，通过简单的数据分段组合和最小二乘拟合来实现。基于 Bertrand 灰度曲面模型亚像素边缘检测的改进算法的实现步骤如下：

1）利用被测齿轮的基本参数计算得到齿轮基圆半径 r_b，根据设定的齿廓测量区域的下限半径 r_1，由式（4-10）和式（4-11）计算递推公式（4-12）的初始值 τ_1。

2）根据选定的渐开线分段弧长 Δs，利用递推公式（4-10）计算齿廓边缘过渡带分段节点处的基圆切点相位角 τ_i。

3）按条件 $\tau_k \in [\tau_i, \tau_{i+1}]$ 对齿廓边缘过渡带内的像素点进行分段。

4）从像素点参数数据库中检索各段像素点的法向偏距 t_k 和标准正态分布积分上限值 Z_k。

5）利用最小二乘拟合法可以得到第 i 段亚像素边缘的法向偏距 μ_i 和方差 σ_i

$$\begin{cases} \mu_i = \overline{t_k} - \overline{Z_k}\dfrac{\overline{Z_k}\,\overline{t_k} - \overline{Z_k t_k}}{\overline{Z_k}^2 - \overline{Z_k^2}} \\[4mm] \sigma_i = \dfrac{\overline{Z_k}\,\overline{t_k} - \overline{Z_k t_k}}{\overline{Z_k}^2 - \overline{Z_k^2}} \end{cases} \tag{4-13}$$

式中，$\overline{t_k} = \dfrac{1}{m}\sum\limits_{k=1}^{m} t_k$；$\overline{Z_k} = \dfrac{1}{m}\sum\limits_{k=1}^{m} Z_k$；$\overline{Z_k t_k} = \dfrac{1}{m}\sum\limits_{k=1}^{m} Z_k t_k$；$\overline{Z_k^2} = \dfrac{1}{m}\sum\limits_{k=1}^{m} Z_k^2$；$m$ 为第 i 段边缘过渡带内像素点的数量。

由第 i 个法向偏距 μ_i 可以计算得到齿廓亚像素边缘点对应的渐开线初始相位角 φ_i，从而实现第 i 个边缘点的精确定位。

$$\varphi_i = \mu_i / r_b + \varphi_0 \tag{4-14}$$

齿廓图像计算得到的边缘点偏距曲线如图 4-3 所示。

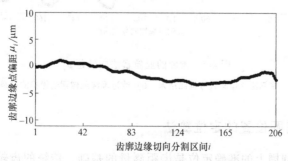

图 4-3　齿廓图像计算得到的边缘点偏距曲线

（3）改进算法与原算法比较　图 4-4 所示的两幅机器视觉测量图片分别为采用基于 Bertrand 灰度曲面模型亚像素边缘检测算法（简称原算法）和本书提出的基于 Bertrand 灰度曲面模型亚像素边缘检测改进算法（简称改进算法）进行亚像素边缘检测的测量结果，每幅图像提取中间 3 个齿的 6 条齿廓。计算时间分别为原算法 28.3s，改进算法 1.2s，计算速度提高了 23.58 倍。其中一条齿廓的亚像素法向偏距 μ_i 如图 4-5 所示，图 4-5a 所示为原算法的计算结果，图 4-5b 所示为改进算法的计算结果。可以看出，改进算法与原算法的计算精度相近，最大偏差值为 0.57μm。

图 4-4　两幅机器视觉测量图片

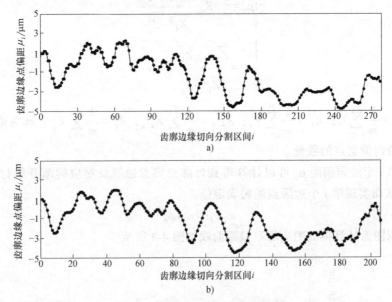

图 4-5　齿廓的亚像素法向偏距 μ_i

a）原算法亚像素边缘检测结果　b）改进算法亚像素边缘检测结果

4.2.2　齿廓基圆位置的定位算法

齿廓在齿轮圆周上的准确定位是齿距测量的基础，传统的齿轮测量标准规定，单个齿距偏差定义为齿轮分度圆上相邻同名齿廓之间的弧长相对于理论分度圆齿距的偏差值，即以分度圆与齿廓的交点作为齿廓在齿轮圆周上的定位点，由于齿廓形状误差的存在，这种齿廓位置定位方法并不能完全反映齿廓的位置精度，使得齿距偏差的测量结果与齿廓形状偏差存在误差耦合。本书根据机器视觉测量图像边缘信息量大的特点，提出了基于齿廓分度圆附近边缘过渡带大量信息统计计算齿廓基圆位置的定位算法（Location Algorithm of Tooth Profile on Base Circle，LATB）。

基于齿廓分度圆附近边缘过渡带信息统计计算的齿廓基圆位置定位算法，就是利用渐开线的性质，将齿廓边缘过渡带内的像素点或者检测到的亚像素边缘线上的点沿其所在渐开线映射到齿轮基圆上，对映射点在基圆上的位置进行统计计算，得到齿廓在基圆上的定位位置。统计点到基圆上的映射参数即为该点所在渐开线的初始相位角 φ_k。将所有统计点的初始相位角 φ_k 的数学期望值，即平均初始相位角 φ_0，作为齿廓在基圆上位置的统计定位参数。利用两条相邻同名齿廓的平均初始相位角可以计算出齿轮的圆周齿距。

获取齿廓边缘渐开线的平均初始相位角 φ_0 有两种方法，一种是采用齿廓测量区域边缘过渡带内所有像素点的初始相位 φ_k 的平均值计算 φ_0，用 φ_0 对齿廓在基圆上定位的方法称为边缘过渡带定位（Edge Transition Zone Location，ETZL）方法；第二种方法是采用齿廓测量区域所有亚像素边缘点的初始相位 φ_i 的平均值计算 φ_0^*，用 φ_0^* 对齿廓在圆周上的定位方法称为亚像素边缘定位（Sub-Pixel Edge Location，SPEL）方法。用两种不同方法获取的平均初始相位角 φ_0 和 φ_0^* 有一定偏差，因此齿廓在圆周上的定位结果也会有一定的偏差。用亚像素边缘定位方法的绝对定位精度要高于用边缘过渡带定位方法的绝对定位精度。

4.2.3　齿廓基圆位置的边缘过渡带定位（ETZL）算法

齿廓边缘过渡带上的任意像素点 P_k 经过一条由齿轮基圆发生的渐开线，如图4-6所示。图中的 φ_k 表示齿廓边缘过渡带内的任意像素点 P_k 所在渐开线上的初始相位角，φ_1 为 φ_k 中的最大值，φ_2 为 φ_k 中的最小值。根据渐开线特性，任意像素点 P_k 到齿廓边缘期望位置渐开线 L_0 的法向距离为

$$d_k = (\varphi_k - \varphi_0) r_b \tag{4-15}$$

按最小方差原则确定齿廓边缘期望位置的渐开线初始相位角 φ_0，使

$$\sum_{k=1}^{n} d_k^2 = \varepsilon \tag{4-16}$$

获得最小值，可以得到

$$\varphi_0 = \frac{1}{n} \sum_{k=1}^{n} \varphi_k \tag{4-17}$$

说明齿廓边缘过渡带内所有像素点初始相位角 φ_k 的平均值 φ_0 所对应的渐开线 L_0 为齿廓边缘过渡带的期望渐开线，期望渐开线 L_0 在基圆上的位置可以认为是齿廓在基圆上的定位位置。

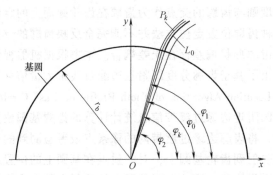

图 4-6　边缘过渡带内像素点所在渐开线的初始相位角

边缘过渡带定位算法的实现过程如下：

1）对机器视觉图像进行高斯滤波去噪。

2）选定灰度阈值 Δg，采用双阈值法提取图像边缘过渡带。

3）选定径向带宽系数 c，进行齿廓测量区域径向分割。

4）计算齿廓测量区域内边缘过渡带上像素点 P_k 的初始相位角 φ_k。

5）计算齿廓边缘过渡带测量区域内像素点 P_k 的平均初始相位角 φ_0。

因机器视觉测量图像数据样本量较大，可以有效消除随机误差对测量的影响，保证了齿廓的定位精度。

4.2.4　齿廓基圆位置的亚像素边缘定位（SPEL）算法

齿廓基圆位置的亚像素边缘定位算法，是在检测到齿廓亚像素边缘的基础上，计算第 i 个灰度曲面段内的齿廓亚像素边缘点 P_i 对应的渐开线初始相位角为 φ_i，将初始相位角 φ_i 作为统计计算参数，与边缘过渡带定位算法相同，计算初始相位角 φ_i 的数学期望值 φ_0'，实现齿廓基圆位置的亚像素边缘定位。

齿廓基圆位置亚像素边缘定位算法的实现过程如下：

1）对机器视觉图像进行高斯滤波去噪。

2）选定灰度阈值 Δg，采用双阈值法提取图像边缘过渡带。

3）选定径向带宽系数 c，进行齿廓测量区域径向分割。

4）计算齿廓测量区域内边缘过渡带上像素点 P_k 的初始相位角 φ_k。

5）计算齿廓边缘过渡带测量区域内像素点 P_k 的平均初始相位角 φ_0。

6）根据设定的齿廓测量区域的下限半径 r_1，计算齿廓边缘过渡带分段节点处的基圆切点相位角 τ_i 的初始值 τ_1。

7）选定渐开线分段弧长 Δs，利用递推公式（4-12）计算齿廓边缘过渡带分段节点处的基圆切点相位角 τ_i。

8）按条件 $\tau_k \in [\tau_i, \tau_{i+1}]$ 对齿廓边缘过渡带内的像素点进行分段。

9）从像素点参数数据库中检索各段像素点的法向偏距 t_k 和标准正态分布积分

上限值 Z_k。

10）利用最小二乘法拟合公式（4-13），得到第 i 段亚像素边缘的法向偏距 μ_i。

11）计算亚像素边缘的平均初始相位角 φ_0'

$$\varphi_0' = \varphi_0 + \frac{1}{r_b}\left(\frac{1}{n}\sum_{i=1}^{n}\mu_i\right) \tag{4-18}$$

因为亚像素边缘检测精度较高，在亚像素边缘检测过程中有效消除了随机误差对测量的影响，所以可以保证齿廓的定位精度。

4.2.5 齿轮齿距测量方法

齿轮的齿距偏差是影响齿轮传动平稳性及其使用性能的重要误差指标之一。由于齿轮应用极广，国内外不少科研院所和知名企业都针对齿距的测量仪器和测量方法展开了大量研究。然而传统齿距测量仪器价格昂贵、制造工艺复杂，对于车用齿轮来说已不能满足其大批量快速在线检测的使用需求。

齿距是指在同一圆周上相邻同名齿廓之间的弧长。单个齿距偏差 f_{pt} 是指实际齿距测量值与理论齿距值的代数差。当采用相对法测量时理论齿距值等于所有齿距测量值的平均值。这些代数差值根据实际测量值与理论值的差有正、负之分，如图 4-7 所示。单个齿距偏差是其他齿距偏差，如齿距累积偏差 F_{pk}、齿距累积总偏差 F_p 的基本单元，直接影响综合误差的重要元素，决定了齿轮的转角误差。

齿距累积偏差 F_{pk} 是指在同一圆周上任意 k 个齿距的实际弧长和理论弧长的代数差，可以理解为齿距累积偏差 F_{pk} 等于连续 k 个齿距的齿距偏差的代数和。通过齿距累积偏差 F_{pk} 的定义可知，齿距累积偏差 F_{pk} 主要影响轮齿传递运动的准确性。测量齿距累计偏差 F_{pk} 可以有效防止由于局部圆周上齿距累积偏差突然变大，而造成较大的转角误差从而引起波动；如果传递运动过程中出现较大的加速度，尤其在高速运转的情况下会产生很大的动载荷，造成齿轮传动的振动而引起较大的冲击噪声，甚至发生危险。

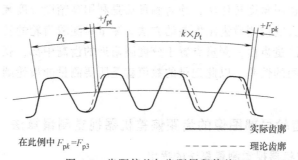

图 4-7 齿距偏差与齿距累积偏差

齿距累积总偏差 F_p 是指同名齿廓在同一圆周上任意弧段（$k=1 \sim k=z$）内的最大齿距累积偏差，如图 4-8 所示。它代表了齿轮齿距累积偏差的总幅度值，是以齿轮旋转一周为周期的转角误差。该偏差项目不但可以控制齿轮旋转一周的转角误差，还可以用来代替切向综合偏差的测量。

齿轮齿距偏差的测量方法按照测量值获取方式可分为相对测量法和绝对测量法两类。测量方法选择是影响直齿圆柱齿轮机器视觉测量仪齿距测量精度的关键因素。

相对测量法又可称为比较测量

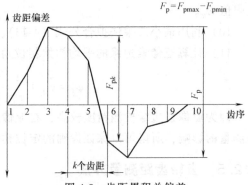

图 4-8　齿距累积总偏差

法，其优点是在实际测量中，不必直接测量齿轮齿距偏差的真实值。采用此类方法的测量仪器通常设置两个测头，首先将两个测头置于同圆周截面并且是离齿轮轴线同一径向距离的位置上，使测头位移的方向与测量圆相切。任意选取两相邻同名齿廓面在齿高中部附近相接触，然后将当前测量的齿距偏差作为测量基准值，按某一方向顺次测量其他齿距，计算每个测量齿距与基准齿距的偏差值进行顺序记录，经过计算最终确定实际的齿距偏差。有些齿距比较仪配备有滑座，在测量时调整滑座将测头送进适当的径向深度，位置大约至于齿高中部。测量过程中，被测齿轮绕其芯轴连续或间歇地缓慢转动，而滑座上的测头则配合齿轮运动先后移到或离开检测位置。采用相对法测量原理的仪器包括万能齿距仪、便携式齿距仪等。

相对测量法分为逐齿测量法和跨齿距法两类。逐齿测量法的优点是测量效率较高，但测量精度较低；跨齿距法比逐齿测量法的测量精度有所提高，但是不能直接得到测量结果，需要处理较为复杂的测量数据。相对测量法精确度不高，主要原因是不能保证测量时后测头与齿面接触点的位置在前测头的接触点上。相对法由于测量中测头径向移动的距离精度难以确定，测量精度较低，因此不适合对精密齿轮进行测量。

绝对测量法也叫角度转位法，绝对测量法是利用高精度分度装置与齿轮直径相配合，利用单测头定位测量齿距偏差的方法。测量时随着齿轮的转动测头依次径向移动和离开每个测量齿面，测量点置于分度圆附近的齿高中部，就可测量出理论位置与实际位置之间的偏差。以此记录的数值就是所要测量的齿轮圆周上的齿距累积偏差。

4.2.6　基于齿轮局部图像的齿距偏差机器视觉测量算法

1. 齿距偏差机器视觉测量算法的提出

由齿距偏差 f_{pt} 的定义可知，齿距偏差的机器视觉测量实质上就是要测量得到相邻两个同名齿廓边缘曲线，求出两齿廓边缘曲线与齿轮齿高中部分度圆附近某一圆周的交点，计算两交点间的弧长与理论齿距弧长之间的代数差。但是在实际测量中，因为要对检测得到的边缘点进行高精度的曲线拟合，还要计算任意曲线与定半径圆的交点，所以这种测量方法计算量很大。而且，位于齿高中部的测量点的位置信息存在较大的随机误差，用于评定齿距精度，是利用小样本数据对总体数据的估算，在计算原理上存在缺陷。直齿圆柱齿轮机器视觉测量采用的是全齿宽所有点在齿轮端面上的投影信息，因此测量点的随机误差会更大。为了减小随机误差的影响，提高测量计算速度，本节在齿廓圆周位置定位算法的基础上提出两种齿距偏差视觉测量算法。第一种方法是基于齿廓基圆位置边缘过渡带定位算法的齿距偏差视觉测量算法；第二种方法是基于齿廓基圆位置亚像素边缘定位算法的齿距偏差视觉测量算法。

第一种测量算法测量速度快、算法简单，但测量精度相对第二种较低；第二种测量算法测量精度高，但计算较为复杂、测量速度相对较慢。可以根据实际测量需要，适当选用齿距偏差的机器视觉测量算法。

本系统测量的每幅测量图像中都会包含 3 条以上同名（左、右）齿廓，避免降低光学畸变和系统误差对测量精度的影响，选取测量图像中央区域 3 条齿廓作为测量对象进行齿廓测量。

齿距偏差视觉测量的基本思想是：将测量齿廓边缘点位置信息沿渐开线映射到基圆上，利用基圆上映射点的位置信息，对相邻同名齿廓在基圆圆周上的相对距离进行统计计算，以此作为两齿廓间的基圆齿距。将基圆齿距转换为齿距角，即可得到任意圆周上的测量齿距。

根据目标齿廓基圆位置定位方法，每幅测量图像均可计算得到 3 条相邻同名齿廓经过边缘失真修正的齿廓基圆位置期望定位参数，即最优估计初始相位角 φ_{01}^{*}、φ_{02}^{*}、φ_{03}^{*}，从而得到两个相邻的同名齿距角

$$\Delta\varphi_{12} = \varphi_{01}^{*} - \varphi_{02}^{*} \tag{4-19}$$

$$\Delta\varphi_{23} = \varphi_{02}^{*} - \varphi_{03}^{*} \tag{4-20}$$

为了使测量图像齿廓位置偏差对齿距测量的影响减小，将两相邻同名齿廓在第 j 幅图像中的 $\Delta\varphi_{23}$ 与第 $j+1$ 幅图像中的 $\Delta\varphi_{12}$ 取平均值 $\Delta\varphi_{j}$，将 $\Delta\varphi_{j}$ 作为第 j 个齿距角的测量值，从而得到第 j 个分度圆齿距的测量值

$$p_{dj} = \Delta\varphi_{j} r_{d} \tag{4-21}$$

式中，j 为测量图像的顺序（$j=1，2，\cdots，z$），z 为齿轮齿数；$\Delta\varphi_{j}$ 为相邻两幅图像的平均齿距角；r_{d} 为齿轮分度圆半径。

第 j 个单个齿距偏差测量值为

$$f_{ptj} = p_{dj} - p_{dp} \tag{4-22}$$

其中

$$p_{dp} = \frac{1}{n} \sum_{j=1}^{z} p_{dj} \tag{4-23}$$

式中，p_{dp} 为被测齿轮在分度圆上 z 个齿距测量值的平均值，z 为被测齿轮的齿数。

在机器视觉测量直齿圆柱齿轮时，齿向偏差和齿轮安装倾斜误差以及光源亮度的影响，可能导致齿廓图像边缘位置沿其法线方向偏移。而对于测量目标的相邻同名齿廓图像边缘，上述因素引起的齿廓图像边缘法向偏移的方向相同，大小相等，用齿距角 $\Delta\varphi_j$ 来计算齿距，可以有效消除这些误差项对齿距偏差测量精度的影响。

基于齿廓基圆定位的齿距偏差测量算法属于相对法测量，采用 p_{dp} 代替分度圆理论齿距 p_d，不仅可以减小齿轮中心定位误差对齿距偏差测量精度的影响，还可以减小图像像素当量标定误差对齿距偏差测量精度的影响。

2. 齿距偏差视觉测量算法的实现

（1）基于边缘过渡带定位算法的齿距偏差视觉测量算法 基于边缘过渡带定位算法的齿距偏差视觉测量算法是以边缘过渡带的平均初始相位角 φ_0 为齿廓基圆位置定位参数，经过边缘失真修正后，进行齿距测量计算的齿距偏差视觉测量算法，算法实现过程如下：

1）由第 j 幅图像建立各齿廓边缘过渡带测量区域像素点参数数据库。

2）从参数数据库中检索各齿廓测量区域内像素点 P_k 的初始相位角 φ_k 和法向偏距 t_k。

3）分别计算各齿廓边缘过渡带测量区域内像素点 P_k 的平均初始相位角 φ_0。

4）按像素点 P_k 的向径 r_k 对各齿廓边缘过渡带测量区域分段，得到等间距分段节点 r_i（$i = 1, 2, 3, \cdots, m$，m 为齿廓边缘过渡带测量区域的分段数量）。

5）分别计算各段内像素点 P_k 的法向偏距 t_k 的平均值 t_i，进行均值滤波。

6）以 t_i 代替 μ_i 作为边缘点参数，根据齿廓边缘失真修正算法计算各个齿廓修正后的期望齿廓相位角 φ_{0l}^*（$l = 1, 2, 3, \cdots, j$，j 为第 j 幅图像中同名齿廓的序号）。

按式（4-19）~式（4-23）计算第 j 个单个齿距偏差 f_{ptj}。

（2）基于亚像素边缘定位算法的齿距偏差视觉测量算法 基于亚像素边缘定位算法的齿距偏差视觉测量算法是以亚像素边缘点的平均初始相位角 φ_0' 作为齿廓基圆位置定位参数，经过边缘失真修正后，进行齿距测量计算的齿距偏差视觉测量算法，算法实现过程如下：

1）由第 j 幅图像建立各齿廓边缘过渡带测量区域像素点参数数据库。

2）从参数数据库中检索各齿廓测量区域内像素点 P_k 的初始相位角 φ_k、法向偏距 t_k 和标准正态分布积分上限值 Z_k。

3）分别计算各齿廓边缘过渡带测量区域内像素点 P_k 的平均初始相位角 φ_0。

4）利用被测齿轮的基本参数计算得到齿轮基圆半径 r_b，根据设定的齿廓测量区域的下限半径 r_1，由式（4-10）和式（4-11）计算递推公式（4-12）的初始值 τ_1。

5）根据选定的渐开线分段弧长 Δs，利用递推公式（4-12）计算齿廓边缘过渡带分段节点处的基圆切点相位角 τ_i。

6）按条件 $\tau_k \in [\tau_i, \tau_{i+1}]$ 对各条齿廓边缘过渡带内的像素点进行分段。

7）利用最小二乘拟合法可以得到各条齿廓边缘过渡带第 i 段亚像素边缘的法向偏距 μ_i。

8）根据齿廓边缘失真修正算法计算各个齿廓修正后的期望齿廓相位角 φ_{0l}^*（$l = 1, 2, 3, \cdots, j$，j 为第 j 幅图像中同名齿廓的序号）。

按式（4-19）~式（4-23）计算第 j 个单个齿距偏差 f_{ptj}。

4.2.7　机器视觉测量齿轮中心定位精度对齿距测量误差的影响

用齿轮机器视觉测量仪测量直齿圆柱齿轮齿距时，在机器视觉测量图像坐标系中以齿轮基圆中心为基准对齿廓边缘离散点进行计算，为了使机构坐标系精确转换到图像坐标系，采用标准圆盘标定方法，实现被测齿轮基圆中心在图像坐标系中的中心定位。实际测量中，由于受到标定圆盘测量圆弧圆心角大小、半径精度、回转中心的相对位移精度以及视觉传感器等诸多因素影响，必然会产生一定的标定误差，本节采用标准圆盘标定方法的标定精度可以达到 2 个像素（40μm）以内。由于该项测量误差无法完全避免，因此需要揭示机器视觉测量齿轮中心定位精度对齿距测量误差的影响规律，为齿轮机器视觉测量仪器设计制造提供依据。

本节以齿轮机器视觉测量仪的测量原理为基础进行理论分析和仿真运算，建立了机器视觉图像坐标系中齿轮基圆中心定位偏心与齿廓定位误差的数学模型，通过分析齿轮基圆中心定位偏心误差对产生齿距偏差测量误差的影响规律，进而提出了齿轮机器视觉测量仪的相关设计原则。

为了方便分析，假定理论渐开线的初始相位角 $\varphi_0 = 0$，如图 4-9 所示。当基圆在图像坐标系内发生定位偏心时，齿廓边缘过渡带内各点初始相位角的计算基准随之发生变化。

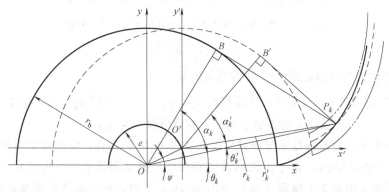

图 4-9　基圆定位偏心对初始相位角误差的影响

当齿轮基圆的计算中心偏移到 $O'(x'_0, y'_0)$ 时，根据式（4-4）可知，在图像坐标系中齿廓边缘过渡带内任意点 P_k 对应渐开线的初始相位角为

$$\varphi'_k = \lambda'_k \pm \theta'_k \tag{4-24}$$

式中，$k = 1, 2, 3, \cdots, n$，为齿廓边缘过渡带内离散点的序号；x_k、y_k 为点 P_k 的横纵坐标值，x'_0、y'_0 为基圆偏心点 O' 的坐标值；$\lambda'_k = \arcsin \dfrac{y'_k}{r'_k}$；$\theta'_k = \tan \alpha'_k - \alpha'_k$；$\alpha'_k = \arccos \dfrac{r_b}{r'_k}$；$r'_k = \sqrt{(x_k - x'_0)^2 + (y_k - y'_0)^2}$，$x'_0 = e\cos\psi$，$y'_0 = e\sin\psi$，$e$ 为在图像坐标系内齿轮基圆的偏心距，ψ 为在图像坐标系内齿轮基圆的偏心角。

当齿轮基圆的计算中心发生偏移时，将 φ'_k 代入式（4-6）中，则齿廓的平均初始相位角为

$$\varphi'_0 = \frac{1}{n} \sum_{k=1}^{n} \varphi'_k \tag{4-25}$$

由此，当齿轮基圆的计算中心发生偏移时，齿廓初始相位角误差为

$$\delta\varphi_0 = \varphi'_0 - \varphi_0 \tag{4-26}$$

（1）齿廓初始相位角误差 为了找到齿轮基圆定位偏心对齿距测量误差的影响规律，防止其他因素引起的误差，假定不存在齿廓的形状误差，用离散点构成一条理论渐开线，将其作为齿廓边缘过渡带内的点进行仿真计算。

为方便计算且不失一般性，在理论渐开线的初始相位角 $\varphi_0 = 0$ 时，渐开线函数数学表达式可由直角坐标方程得

$$x'_k = r_b [\cos(\theta_k + \alpha_k) + (\theta_k + \alpha_k)\sin(\theta_k + \alpha_k)] - e\cos\psi$$

$$y'_k = r_b [\sin(\theta_k + \alpha_k) - (\theta_k + \alpha_k)\cos(\theta_k + \alpha_k)] - e\sin\psi$$

设 $e^* = \dfrac{e}{r_b}$，$x_k^* = \dfrac{x'_k}{r_b}$，$y_k^* = \dfrac{y'_k}{r_b}$，则

$$x_k^* = \cos(\theta_k + \alpha_k) + (\theta_k + \alpha_k)\sin(\theta_k + \alpha_k) - e^*\cos\psi \tag{4-27}$$

$$y_k^* = \sin(\theta_k + \alpha_k) - (\theta_k + \alpha_k)\cos(\theta_k + \alpha_k) - e^*\sin\psi \tag{4-28}$$

$$r_k^* = \sqrt{x_k^{*2} + y_k^{*2}} \tag{4-29}$$

式中，e^* 称为当量偏心距；r_k^* 称为当量向径。

由式（4-27）~式（4-29）计算得到 x_k^*、y_k^*、r_k^*，替代 x'_k、y'_k、r'_k 代入式（4-24）~式（4-26），从而得到齿廓平均初始相位角误差为 $\delta\varphi_0$。

文中所采用齿轮机器视觉测量仪镜头的型号为 TC2348，镜头视野可容纳的测量范围 $r = 50 \sim 150\text{mm}$。由于齿轮回转中心在机器视觉图像坐标系内的定位精度可以保证控制范围在 2 个像素（即 $e^* = 0 \sim 40\mu\text{m}$）之内，因此取在齿轮基圆偏心距、偏心角 $\psi = 0 \sim 2\pi$ 的条件下，进行仿真计算。计算得到右齿廓初始相位角误差 $\delta\varphi_0$

的曲线如图 4-10a 所示，左齿廓初始相位角误差 $\delta\varphi_0$ 的曲线如图 4-10b 所示。

由图 4-10 和图 4-11 可知，齿廓初始相位角误差 $\delta\varphi_0$ 与圆心偏心角 ψ 之间总体呈正弦曲线规律变化，当量偏心距 e^* 增大，正弦曲线幅值 A_e 随之成正比增大。经过拟合计算，得到比例系数 $a = 1.0598$。选择不同的当量偏心距 e^*，右齿廓在偏心角 $\psi = 0.0722\pi$ 和 $\psi = 1.0722\pi$ 时，初始相位角误差为 $\delta\varphi_0 = 0$；左齿廓在偏心角 $\psi = (1-0.0722)\pi$ 和 $\psi = (2-0.0722)\pi$ 时，初始相位角误差为 $\delta\varphi_0 = 0$。说明右齿廓和左齿廓各自正弦曲线的相位角分别为 0.0722π 和 -0.0722π。

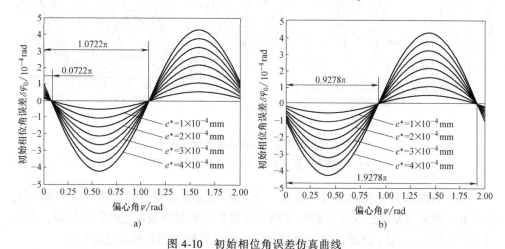

图 4-10　初始相位角误差仿真曲线

a）右齿廓初始相位角误差　b）左齿廓初始相位角误差

综上，可以计算由基圆定位偏心引起的齿廓初始相位角误差的正弦曲线模型

$$\delta\varphi = A_e \sin(\psi \pm \psi_0) \qquad (4\text{-}30)$$

或

$$\delta\varphi = ae^* \sin\psi^* \qquad (4\text{-}31)$$

式中，a 为比例系数，$a = A_e/e^* = 1.0598\text{rad/mm}$；$\psi^* = \psi \pm \psi_0$，$\psi_0$ 为正弦曲线的相位角，$\psi_0 = 0.0722\pi$，"+"对应左齿廓，"−"对应右齿廓。

图 4-11　当量偏心距 e^* 与幅值 A_e 之间关系

为了分析正弦曲线模型的计算精度，将仿真运算的计算结果与式（4-30）的计算结果进行比较，得到正弦曲线数学模型的计算误差曲线，如图 4-12 所示。其中，图 4-12a、图 4-12b 分别为右齿廓、左齿廓的计算误差曲线。由图 4-12 可知，计算误差曲线的频率为式（4-30）给出的正弦曲线频率的 2 倍，其中，最大的幅值为 $1.224e^* \times 10^{-3}$，约为式（4-30）幅

值 A_e 的 1/1000，说明式（4-30）和（4-31）推导出的齿廓初始相位角误差正弦曲线数学模型具有较高的计算精度。

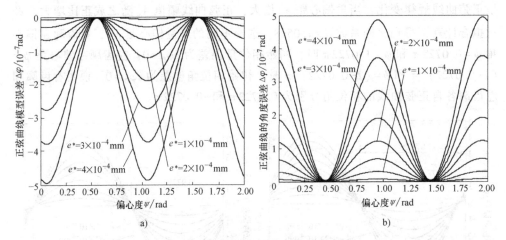

图 4-12 正弦曲线误差模型的计算误差

a）右齿廓计算误差曲线 b）左齿廓计算误差曲线

（2）齿距测量误差的分析与修正 在机器视觉测量中，相邻两同名齿廓初始相位角的测量误差直接决定了齿轮基圆定位偏心对齿距测量误差的影响规律，由式（4-31）可知，在第 j 幅图像中，相邻两同名齿廓的初始相位角误差分别为

$$\delta\varphi_{j1} = ae^{*}\sin\psi_{j}^{*} \tag{4-32}$$

$$\delta\varphi_{j2} = ae^{*}\sin(\psi_{j}^{*}+2\pi/z) \tag{4-33}$$

根据正弦曲线规律可知，当 $\psi_{j}^{*} = \pi/2-\pi/z$、$\psi_{j}^{*} = 3\pi/2-\pi/z$ 时，$\delta f_{ptj} = 0$；当 $\psi_{j}^{*} = \pi-\pi/z$、$\psi_{j}^{*} = -\pi/z$ 时，被测齿轮的齿距测量误差最大

$$|\delta f_{ptj}|_{max} = 2ae\sin(\pi/z)/\cos(\pi/9) \tag{4-34}$$

由式（4-32）、式（4-33）得到的齿距测量误差，是测量齿距相对于理论齿距的偏差，属于基圆定位偏心导致的齿距测量绝对误差。不难看出，由齿轮基圆定位偏心引起的齿距测量误差与基圆定位偏心距 e 成正比，与被测齿轮齿数相关。

实际机器视觉测量齿距偏差时，采用了相对法测量齿距，即单个齿距偏差是测量齿距相对于平均齿距计算的，见式（4-22）。由此可见，齿轮基圆定位偏心导致的齿距测量误差是由各单个齿距测量误差增量所决定的。

假设以第 1 幅测量图像的位置为基准，第 j 测量图像相对于第 1 幅测量图像的齿轮的转角为（$2j\pi/z+\Delta\psi_{j}$），其中 $\Delta\psi_{j}$ 为第 j 幅测量图像的转角定位误差。由式（4-34）可知，第 j 幅测量图像的齿距测量误差为

$$\delta f_{ptj} = ae[\sin(\psi_{1}^{*}+\Delta\psi_{j}) - \sin(\psi_{1}^{*}+\Delta\psi_{j}+2\pi/z)]/\cos(\pi/9) \tag{4-35}$$

进而可以得出相对于第 1 幅测量图像的齿距测量误差增量为

$$\Delta(\delta f_{ptj}) = ae[\sin(\psi_1^* + \Delta\psi_j) - \sin(\psi_1^* + 2\pi/z + \Delta\psi_j) - \sin(\psi_1^*) + \sin(\psi_1^* + 2\pi/z)]/\cos(\pi/9)$$

$$(4\text{-}36)$$

由式（4-36）可知，当齿轮基圆定位偏心距 e 和偏心角 $\psi^* = \psi \pm \psi_0$ 一定时，单个齿距偏差的测量精度受测量图像转角定位误差 $\Delta\psi_j$ 和被测齿轮齿数 z 两方面因素影响。如果被测齿轮的齿数 z 越少，则齿轮基圆定位偏心对齿距偏差的测量精度影响越大。提高测量仪器芯轴部件的转角定位精度，并使 $\Delta\psi_j$ 趋近于零时，则 $\Delta(\delta f_{ptj})$ 也趋近于零，齿轮基圆定位偏心就不会引起单个齿距偏差测量误差的产生。唯有此，才能彻底消除齿轮基圆定位偏心的影响，这种方法是提高基于机器视觉测量齿距精度的有效途径。

当齿轮基圆定位偏心距 $e = 40\mu m$，测量仪器芯轴部件带动齿轮转角定位精度 $\Delta\psi_j \le 2°$ 时，对于不同齿数被测齿轮的最大齿距测量误差增量计算结果如图 4-13 所示。

仿真结果表明，采用基于机器视觉相对法测量齿距时，对齿轮转角定位精度和齿轮基圆定位偏心距的测量要求并不很高。如果当转角定位精度 $\Delta\psi_j \le 1°$，偏心距 $e \le 40\mu m$ 时，可以满足 5 级精度齿轮的齿距测量精度要求。

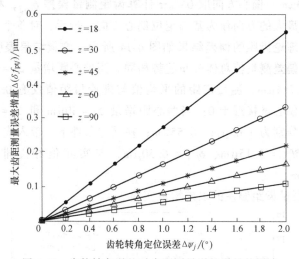

图 4-13　齿轮转角误差对齿距测量误差增量的影响

为了提高测量效率和齿距累积偏差测量准确度，时常采用双齿距测量方法，即在同一图像内同时测量两个齿距。由于同一测量图像内两齿距测量的齿轮基圆定位偏心相差一个齿距角 $2\pi/z$，因此，该测量图像的齿距测量误差增量为

$$\Delta(\delta f_{pt}) = ae[\sin(\psi_j^* + 2\pi/z) + \sin(\psi_j^* - 2\pi/z) - 2\sin(\psi_j^*)]/\cos(\pi/9) \quad (4\text{-}37)$$

当齿轮基圆定位偏心方向为 $\psi_j^* = \pi/2$ 时，齿距测量误差增量 $\Delta(\delta f_{pt})$ 最大。当齿轮基圆定位偏心距 $e = 40\mu m$，偏心方向为 $\psi_j^* = \pi/2$，利用双齿距测量方法进行测量时，对于不同齿数的被测齿轮进行测量，$\Delta(\delta f_{pt})_{max}$ 的计算结果见表 4-1。

表 4-1 双齿距测量的最大齿距误差增量

齿数 z	$\Delta(\delta f_{pt})_{max}/\mu m$	齿数 z	$\Delta(\delta f_{pt})_{max}/\mu m$
18	5.44	45	0.88
30	1.97	90	0.49

由表 4-1 可知，当齿轮齿数 $z \geq 45$ 时，如果采用双齿距测量方法，齿距测量误差较小（$\leq 0.88\mu m$），并且可以满足 5 级精度直齿圆柱齿轮的测量要求。

（3）实验验证 为了验证本节理论分析、仿真计算结果以及结论的正确性，分别对式（4-34）、式（4-36）、式（4-37）进行实验验证。在直齿圆柱齿轮机器视觉测量仪上，对直齿圆柱齿轮进行齿距测量实验。齿轮图像如图 4-30 所示。其参数为齿数 $z = 90$，模数 $m = 2$，变位系数 $\zeta = 0$，精度等级 5 级。

1）平均齿距偏差测量误差实验。

首先，采用标准标定圆盘方法，对齿轮回转中心在测量图像坐标系中的位置进行精确定位，以此中心位置为测量基准，按比例增加偏心距 Δe，分别取 $\Delta e = 0$、$\Delta e = 40\mu m$ 和 $\Delta e = 80\mu m$；然后，为了确定对齿距测量影响最大的基圆定位偏心方向，先取 $\Delta e = 40\mu m$，偏心方向取 $0 \sim 2\pi$ 计算齿距测量误差 δf_{ptj}，根据计算结果取其中 δf_{ptj} 平均值最大的方向作为基圆定位偏心方向；最后，对单个齿距偏差进行测量。测量齿距与理论齿距的偏差结果如图 4-14 所示。测量结果表明，三种实验条件下的单个齿距偏差测量值总体分布趋势相同。当偏心距增量 $\Delta e = 0$ 时，单个齿距偏差平均值为 $0.764\mu m$，测量齿距的平均值与理论齿距值仅有 $0.764\mu m$ 的误差，说明此时的实际偏心量接近于 0；当偏心距增量 $\Delta e = 40\mu m$ 和 $\Delta e = 80\mu m$ 时，单个齿距偏差平均值分别为 $3.65\mu m$、$6.55\mu m$；在同样条件下，带入式（4-34）分别计算，可以得到 $\delta f_{pt} = 3.15\mu m$、$\delta f_{pt} = 6.30\mu m$，与实测值相差非常小，分别为 $0.50\mu m$、$0.25\mu m$。

2）相对法测量齿距偏差的误差增量实验。

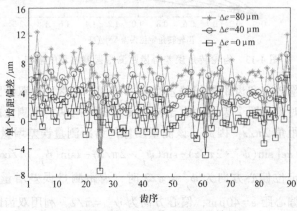

图 4-14 单个齿距偏差的测量结果

采用相对法测量齿距偏差时，带入式（4-22）可以计算得到在不同偏心条件下的单个齿距偏差 f_{pt}，如图4-15所示。由基圆定位偏心产生的单个齿距偏差测量误差增量 $\Delta(\delta f_{pt})$ 如图4-16所示。测量结果表明，当基圆定位偏心距增量为 $\Delta e = 40\mu m$ 和 $\Delta e = 80\mu m$ 时，相对于 $\Delta e = 0$ 时单个齿距偏差测量误差增量的平均值分别为 $-3.18 \times 10^{-16}\mu m$ 和 $-4.74 \times 10^{-16}\mu m$。在相同条件下，带入式（4-36）计算得到的值为0，与实测结果接近。从图4-16可以看出，偏心量增大时，单个齿距偏差的测量误差 $\Delta(\delta f_{pt})$ 变化的幅值也略有增大，其最大值分别为 $0.34\mu m$ 和 $0.68\mu m$。其原因是理论分析的误差模型没有考虑基圆定位偏心对齿廓形状误差的影响，当偏心量增大时，齿廓形状误差也会增大，影响了齿距偏差的测量精度，但误差增量值在5级精度齿轮测量允许的精度范围之内。

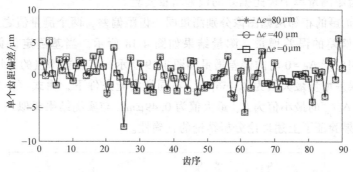

图4-15　相对法测量的单个齿距偏差

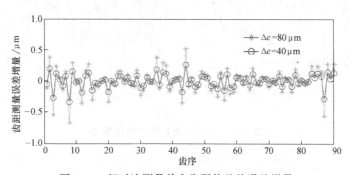

图4-16　相对法测量单个齿距偏差的误差增量

3）偏心角对齿距偏差测量误差的影响实验。

当基圆定位偏心距增量 $\Delta e = 40\mu m$ 时，以最大测量误差偏心方向为基准，改变偏心角分别取 $\Delta\psi = 2°$、$\Delta\psi = 4°$、$\Delta\psi = 6°$，利用相对法测量单个齿距偏差，其测量结果如图4-17所示。可以得到单个齿距偏差的测量误差增量平均值分别为 $0.0027\mu m$、$0.0017\mu m$、$0.0131\mu m$。在同样实验条件下，由式（4-36）计算可以得到 $\Delta(\delta f_{pt12}) = 0.0019\mu m$、$\Delta(\delta f_{pt13}) = 0.0077\mu m$、$\Delta(\delta f_{pt14}) = 0.0172\mu m$，与实测值相接近。

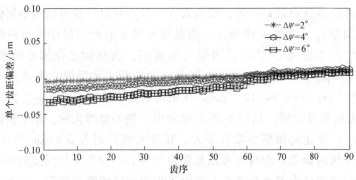

图 4-17　基圆定位偏心时单个齿距偏差的测量值

4）双齿距测量单个齿距偏差的误差增量实验。

由连续拍摄的相邻两幅图像分别测量同一齿距偏差，两个测量值之差为双齿距测量时齿距偏差的误差增量，测量结果如图 4-18 所示。当基圆定位偏心距增量 $\Delta e = 40\mu m$ 相对于 $\Delta e = 0$ 时的误差增量如图 4-19 所示，其误差增量的平均值为 $2.3 \times 10^{-12}\mu m$，误差增量最大值为 $0.466\mu m$。在同样实验条件下，由式（4-37）计算得到误差增量 $\Delta \delta f_{pt}$ 的最小值为 0、最大值为 $0.49\mu m$，与实测结果相似。

实验结果验证了上述理论分析结论的正确性。

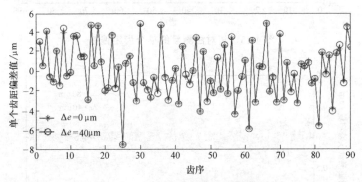

图 4-18　双齿距测量单个齿距偏差

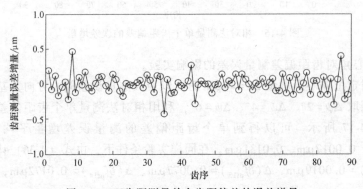

图 4-19　双齿距测量单个齿距偏差的误差增量

4.2.8 齿轮齿距偏差测量

评定齿轮精度的国际标准 ISO1328-1 以及同等的国家标准 GB/T 10095.1 中，精度指标排名第一位的就是齿距偏差，是评定齿轮几何精度的基本项目。齿距精确与否是保证齿轮高精度、高使用性能、齿轮传动平稳性的重要技术指标之一；而齿距累积偏差则主要影响轮齿在齿轮圆周上分度的均匀性，局部圆周上齿距累积偏差过大会造成较大的动载荷，影响齿轮传动的平稳性，甚至发生危险。

1. 齿距累积偏差测量

齿距累积偏差 F_{pk} 是指任意 k 个齿距的实际弧长和理论弧长的代数差，即齿距累积偏差等于这 k 个齿距偏差的代数和。

齿距累积总偏差是指同名齿廓在同一圆周上任意弧段内的最大齿距累积偏差，如图 4-8 所示。它代表了齿轮齿距累积偏差的总幅度值，是以齿轮旋转一周为周期的转角误差。

齿距机器视觉测量原理如图 4-20所示，先由齿廓边缘图像信息统计计算得到第 j 个齿廓渐开线初始相位角的数学期望值 φ_j，φ_j 称为第 j 个齿廓

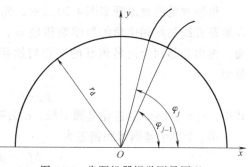

图 4-20　齿距机器视觉测量原理

边缘的平均初始相位角，再由相邻两个同名齿廓的平均初始相位角之差计算得到第 j 个分度圆齿距的测量值

$$p_{dj} = r_d(\varphi_j - \varphi_{j-1}) \tag{4-38}$$

式中　r_d 为齿轮分度圆半径。

第 j 个单个齿距偏差测量值为

$$f_{pdj} = p_{dj} - p_{dp} \tag{4-39}$$

式中，$p_{dp} = \dfrac{1}{n}\sum\limits_{j=1}^{z} p_{dj}$，为 z 个齿距测量值的平均值，z 为被测齿轮的齿数。

从第 1 齿距到第 m 齿距累积误差为

$$\Delta F_{pm} = \sum\limits_{j=1}^{m} f_{ptj} \tag{4-40}$$

式中，$1 < m \leqslant z$，z 为被测齿轮的齿数。

从第 j 齿起始的任意 k 个同名齿廓之间的齿距累积偏差为

$$F_{pki} = \sum\limits_{j=i}^{i+k} f_{ptj} \tag{4-41}$$

齿距累积总偏差为

$$F_p = \max(F_{pm}) - \min(F_{pm}) \tag{4-42}$$

式（4-39）为机器视觉测量单个齿距偏差测量模型；式（4-41）为机器视觉测量齿距累积偏差测量模型；式（4-42）为机器视觉测量齿距累积总偏差测量模型。

2. 基圆齿距偏差测量

基圆齿距偏差 Δf_{pb} 的定义是实际基圆齿距与公称基圆齿距之差。基圆齿距的测量方法分为直接法与间接法，直接法又分为比较法和绝对法两种。间接法是按啮合法或坐标法，先测出齿轮截面整体误差曲线，按基圆齿距偏差定义取值。基圆齿距偏差与本节圆柱齿轮齿距测量方法基本相同。这里利用测量图像中齿廓边缘过渡带上点的坐标作为参数，由 4.2.4 节齿廓边缘精确定位计算得到初始相位角 φ_j，建立齿距偏差的测量模型，实现机器视觉测量中齿轮单个齿距偏差、齿距累积偏差、齿距累积总偏差的测量。

齿距视觉测量原理如图 4-20 所示，先由齿廓边缘图像信息统计计算得到第 j 个齿廓渐开线初始相位角的数学期望值 φ_j，φ_j 称为第 j 个齿廓边缘的平均初始相位角，再由相邻两个同名齿廓的平均初始相位角之差计算得到第 j 个基圆齿距的测量值

$$p_{\mathrm{b}j}=r_{\mathrm{b}}\left(\varphi_j-\varphi_{j-1}\right) \tag{4-43}$$

式中，$r_{\mathrm{b}}=r_{\mathrm{d}}/\cos\alpha$ 为齿轮基圆半径，α 为被测齿轮的分度圆压力角。

第 j 个单个基圆齿距偏差为

$$\Delta f_{\mathrm{pb}j}=p_{\mathrm{b}j}-p_{\mathrm{bp}} \tag{4-44}$$

式中，$p_{\mathrm{dp}}=\dfrac{1}{n}\sum\limits_{j=1}^{z}p_{\mathrm{d}j}$ 为 z 个齿距测量值的平均值，z 为被测齿轮的齿数。

式（4-44）为基于初始相位角的基圆齿距偏差 Δf_{pb} 的测量模型。

4.3　齿轮齿廓偏差机器视觉精密测量

齿廓偏差的定义是实际齿廓与设计齿廓的偏离量，该偏离量是在端平面内垂直于渐开线齿廓方向的计算值。齿廓偏差的测量包括齿廓总偏差 F_α、齿廓形状偏差 $f_{\mathrm{f}\alpha}$ 和齿廓倾斜偏差 $f_{\mathrm{H}\alpha}$ 的测量。齿轮齿廓总偏差是评定齿轮传动平稳性的重要指标之一，直接影响齿轮的传动精度和使用寿命。本节中，利用 4.2.1 节的改进 Bertrand 灰度曲面模型的亚像素边缘检测算法获取的齿轮亚像素边缘数据，对齿轮齿廓偏差进行评价。

4.3.1　齿廓偏差的基本概念

（1）齿廓总偏差 F_α　齿廓总偏差 F_α 是测量直齿圆柱齿轮精度需要评价的基本项目之一，主要影响齿轮传动的平稳性。齿廓总偏差超出其范围的允许值，就会造成齿轮的振动和冲击，导致传动平稳性发生问题，同时产生噪声。

齿廓总偏差是指在端截面上齿廓工作区域内包含实际齿廓的两条最近的设计齿

廓间的法向距离 F_α，如图 4-21 所示。齿廓总偏差 F_α 可分解为齿廓形状偏差 $f_{f\alpha}$ 和齿廓倾斜偏差 $f_{H\alpha}$。

在确定齿廓偏差的测量范围时首先应该明确齿廓的工作区域，通常条件下，齿轮的加工误差和齿轮副的装配误差会造成齿廓啮合部分超过理论计算的工作高度，因此选择测量的区域应该略大于该齿廓的工作区域。

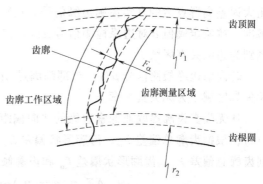

图 4-21　齿廓总偏差示意图

（2）齿廓形状偏差 $f_{f\alpha}$　齿廓形状偏差 $f_{f\alpha}$ 是指在测量值范围内，包容实际齿廓迹线的两条与平均迹线完全相同曲线间的距离，且两条曲线与平均齿廓迹线的距离为常数。

（3）齿廓倾斜偏差 $f_{H\alpha}$　齿廓倾斜偏差 $f_{H\alpha}$ 是指在测量计值范围内，两端与齿廓平均迹线相交的两条设计齿廓迹线间的距离。

4.3.2　齿廓偏差机器视觉精密测量模型的建立

齿廓总偏差的测量方法有展成测量法、坐标测量法、投影测量法、啮合法等。坐标测量法又可以分为两类：直角坐标法和极坐标法。本节利用渐开线特性和视觉测量特点，将机器视觉测量直齿圆柱齿轮的齿廓亚像素边缘像素点的法向偏距 μ_i 作为参数，建立机器视觉测量齿廓偏差的数学模型，实现齿轮齿廓偏差的机器视觉测量，如图 4-22 所示。

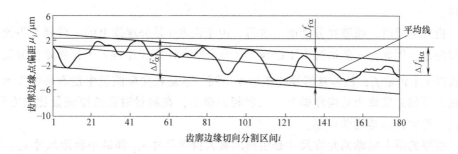

图 4-22　机器视觉测量齿廓模型图

在亚像素齿廓边缘检测和齿廓边缘失真判别的基础上，间隔 $z/4$ 齿数，选择四条无失真齿廓边缘作为测量齿廓。正确选取无失真齿廓是保证齿廓偏差测量精度的关键。在亚像素齿廓边缘检测和齿廓边缘失真判别时，首先要通过迭代逼近方法，从边缘检测信号 $\mu(i)$ 中分离出真实齿廓倾斜偏差，即边缘检测信号 $\mu(i)$ 中去除

粗大误差离群点后的真实齿廓边缘信号 $\nu'(i)$ 的静态分量 $\varepsilon(i)$，再以信号 $\varepsilon(i)$ 为基准，按给定阈值 δ 对边缘检测信号 $\mu(i)$ 作邻近度判别，当 $|\mu(i)-\varepsilon(i)| \geqslant \delta$ 时，判别为边缘失真区域。

若齿廓边缘检测信号 $\mu(i)$ 全部都满足 $|\mu(i)-\varepsilon(i)| \leqslant \delta$，即可判定该齿廓边缘无失真区域，为无失真齿廓。

从无失真齿廓提取亚像素边缘的法向偏距信号 $\mu_i = \mu(i)$ 及其静态分量信号 $\varepsilon_i = \varepsilon(i)$，根据齿廓总偏差 F_α、齿廓形状偏差 $f_{f\alpha}$ 和齿廓倾斜偏差 $f_{H\alpha}$ 的定义，可以得到齿廓总偏差 F_α、齿廓形状偏差 $f_{f\alpha}$ 和齿廓倾斜偏差 $f_{H\alpha}$ 的测量模型，分别为

$$\Delta F_\alpha = |\max(\mu_i) - \min(\mu_i)| \tag{4-45}$$

$$\Delta f_{f\alpha} = |\max(\mu_i - \varepsilon_i) - \min(\mu_i - \varepsilon_i)| \tag{4-46}$$

$$\Delta f_{H\alpha} = |\max(\varepsilon_i) - \min(\varepsilon_i)| \tag{4-47}$$

4.4 齿轮齿厚偏差视觉精密测量

4.4.1 齿厚偏差的基本概念

齿厚偏差 f_s 的定义是分度圆柱面上齿厚实际测量值与公称值之差，如图 4-23 所示。公称齿厚是指一个齿的两侧理论齿廓之间的分度圆弧长，通常称作分度圆弧齿厚，用 s 表示。该弧齿厚所对应的弦长称为分度圆弦齿厚，用 $\bar{s}$ 表示。由于按相关规定，齿轮副侧隙要求采用"基中心距"制，即通过固定中心距极限偏差改变齿厚，能够满足不同的侧隙要求，因此齿厚偏差成为主要设计参数。而设计中所选用的最小法向侧隙 $j_{n\min}$，是通过确定齿厚上极限偏差 E_{sns} 和下极限偏差 E_{sni} 决定的。

齿厚测量时，需要在分度圆上进行。由于齿厚 s 是分度圆上的一段弧长不便于直接测量，因此，一般情况下不以齿厚 s 为依据来评定齿厚偏差 f_s，而是以分度圆弦齿厚 $\bar{s}$ 来评定 f_s，虽然弦齿厚与弧齿厚不同，但是在实际测量中没有必要将测得的弦齿厚偏差换算为弧齿厚偏差，二者相差很小，在测量时弦齿厚测量比较方便。因此，通常齿厚是指弦齿厚。

齿厚的两个极端的允许尺寸是齿厚的最大极限尺寸 s_{ns} 和最小极限尺寸 s_{ni}，齿厚的实际尺寸应该位于这两个极端尺寸之间（包含极端尺寸）。而公称齿厚 s 是指齿厚的理论值，该齿轮与具有理论齿厚的相配齿轮在基本中心距范围之内为无侧隙啮合。斜齿轮的公称齿厚用法向齿厚 s_n 可用下式计算。

对外齿轮

$$s_n = m_n\left(\frac{\pi}{2} + 2\tan\alpha_n x\right)$$

对内齿轮

$$s_n = m_n \left(\frac{\pi}{2} - 2\tan\alpha_n x \right)$$

齿厚上极限偏差 E_{sns} 和下极限偏差 E_{sni} 统称为齿厚的极限偏差。

$$E_{sns} = s_{ns} - s_n$$
$$E_{sni} = s_{ni} - s_n$$

齿厚公差 T_{sn} 是指齿厚上极限偏差与下极限偏差之差。

$$T_{sn} = E_{sns} - E_{sni}$$

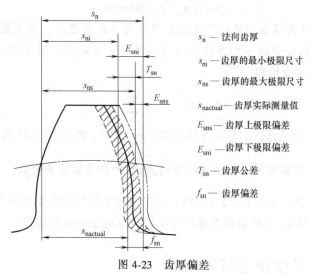

s_n —— 法向齿厚

s_{ni} —— 齿厚的最小极限尺寸

s_{ns} —— 齿厚的最大极限尺寸

$s_{nactual}$ —— 齿厚实际测量值

E_{sns} —— 齿厚上极限偏差

E_{sni} —— 齿厚下极限偏差

T_{sn} —— 齿厚公差

f_{sn} —— 齿厚偏差

图 4-23　齿厚偏差

4.4.2　齿厚偏差的机器视觉精密测量方法

目前，齿厚偏差的测量主要包括按分度圆弧齿厚测量、按任意圆弧齿厚测量、按分度圆弦齿厚测量以及固定弦齿厚测量。由于在齿轮机器视觉测量过程中，已经得到了各条齿廓的渐开线在圆周上的定位参数平均初始相位角 φ_{0j}，利用同一轮齿的左右齿廓平均初始相位角 φ_{jz} 和 φ_{jy}，就可以计算任意直径处的齿厚，如图 4-24 所示。

$$s_{rj} = r(\varphi_{jz} - \varphi_{jy} - 2\theta_r) \qquad (4\text{-}48)$$

式中，s_{rj} 为第 j 齿半径 r 处的齿厚；r 为测量点的半径；θ_r 为渐开线齿廓半径 r 处的展角；φ_{jz} 和 φ_{jy} 为第 j 齿左右齿廓的初始相位角

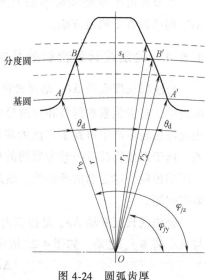

图 4-24　圆弧齿厚

$$\varphi_{jz} = \mu_{jz}^* / r_b + \varphi_{jz0} \tag{4-49}$$

$$\varphi_{jy} = \mu_{jy}^* / r_b + \varphi_{jy0} \tag{4-50}$$

式中，μ_{jz}^* 和 μ_{jy}^* 分别为经过失真修正后第 j 齿左右齿廓的平均法向偏距；φ_{jz0} 和 φ_{jy0} 分别为第 j 齿左右齿廓边缘过渡带的平均初始相位角。

对于基圆齿厚 s_{bj}，因为展角为 0，所以

$$s_{bj} = r_b(\varphi_{jz} - \varphi_{jy}) \tag{4-51}$$

对于分度圆齿厚 s_{dj}，因为展角 $\theta_d = \tan\alpha - \alpha$（一般 $\alpha = 20°$），所以

$$s_{dj} = r_d(\varphi_{jz} - \varphi_{jy} - \tan\alpha + \alpha) \tag{4-52}$$

机器视觉测量齿厚偏差是齿厚实际测量值与公称值之差。为了提高测量精度，本节采用各齿厚测量值的平均值作为齿厚偏差的测量基准，对于给定的测量半径 r，根据齿厚偏差概念可得

$$\Delta f_{srj} = s_{rj} - \frac{1}{z}\sum_{j=1}^{z} s_{rj} \tag{4-53}$$

式中，Δf_{srj} 为第 j 齿的给定圆周齿厚偏差；s_{rj} 为第 j 齿的给定圆周齿厚测量值；$\frac{1}{z}\sum_{j=1}^{z} s_{rj}$ 为 z 个给定圆周齿厚测量值的平均值，z 为被测齿轮的齿数。

式（4-48）、式（4-51）~式（4-53）为机器视觉测量任意半径齿厚 s_{rj}、基圆齿厚 s_{bj}、分度圆齿厚 s_{dj} 的测量模型和任意半径齿厚偏差的测量模型。

4.5 公法线长度视觉精密测量

本节在齿距偏差和齿厚偏差测量研究的基础上，研究齿轮公法线长度变动 ΔF_w 的机器视觉测量方法。

4.5.1 公法线长度变动的基本概念

公法线长度变动 ΔF_w 是评价齿轮传递运动精度的重要指标之一，在机器视觉测量中，与齿距累积偏差和齿圈径向跳动相比，公法线长度的测量既简单又准确，因此在齿轮生产中得到了广泛的应用。公法线长度变动 ΔF_w 反映了齿轮的切向误差，属于以齿轮转过一转为周期的长周期误差。如果齿轮的公法线出现误差，会直接影响齿轮传递运动的准确性，造成齿轮工作精度低、承载能力弱以及传动平稳性差等问题。

公法线长度变动 ΔF_w 是指在齿轮旋转一周范围内实际公法线长度最大值 W_{max} 与最小值 W_{min} 之差，如图 4-25 所示。其定义为

$$\Delta F_w = W_{max} - W_{min}$$

4.5.2 公法线长度变动模型的建立

测量公法线长度常用的仪器包括公法线游标卡尺、公法线千分尺、万能工具显微镜以及万能测齿仪等。当测量齿轮公法线长度变动 ΔF_w 时，首先根据公法线长度 W 及齿数 z 合理选择跨齿数 n，然后使用公法线游标卡尺两测量砧工作面或者测量仪两平行量爪与两异名齿廓在分度圆附近接触，对于变位齿轮则在高中部接触。本节利用渐开线特性和机器视觉测量特点，以测量图像中齿廓边缘像素点的坐标作为参数，建立公法线长度变动 ΔF_w 的机器视觉测量模型，实现公法线长度变动 ΔF_w 的机器视觉测量。

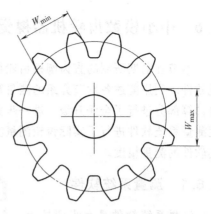

图 4-25 公法线长度变动

由公法线定义可知，公法线长度为基圆切线与两条被测齿廓交点 A、B 之间的直线长度，如图 4-26 所示。根据渐开线形成原理，可知此直线长度也等于两条齿廓与基圆交点间的基圆弧长 $\overline{M_b N_b'}$。因此，当跨齿数为 k 时，公法线长度 W 等于 $k-1$ 个基圆齿距加上一个基圆齿厚，即

$$W = (k-1)P_b + s_b \quad (4-54)$$

式中，P_b 为基圆齿距；s_b 为基圆齿厚。

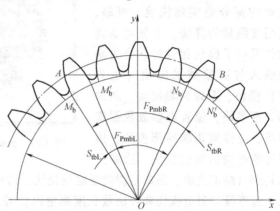

图 4-26 机器视觉测量公法线长度模型

则公法线长度的误差值等于 $k-1$ 个基圆齿距累积误差值 $\Delta F_{pb(k-1)}\left(=\sum\limits_{j=1}^{k-1}f_{pbj}\right)$ 加上相邻的一个基圆齿厚误差值 Δs_b。为了提高公法线长度变动量的测量精度，用从第 j 个齿到第 $j+k-1$ 个齿的基圆左齿距累计偏差 $\Delta F_{pb(j,j+k-1)}^L$ 加第 $j+k$ 个基圆齿厚偏差 $\Delta s_{b(j+k)}$，与从第 j 个齿到第 $j+k-1$ 个齿的基圆右齿距累计偏差 $\Delta F_{pb(j,j+k-1)}^R$ 加第 j 个基圆齿厚偏差 Δs_{bj} 的平均值来计算第 j 个公法线长度的误差 ΔW_j

$$\Delta W_j = \frac{1}{2}\left(\Delta F_{pb(j,j+k-1)}^L + \Delta F_{pb(j,j+k-1)}^R + \Delta s_{bj} + \Delta s_{b(j+k)}\right) \quad (4-55)$$

公法线变动量为

$$\Delta F_w = \left|\Delta W_{max} - \Delta W_{min}\right| \quad (4-56)$$

4.6 中小模数齿轮机器视觉精密测量实验

本节在前期研制的直齿圆柱齿轮机器视觉测量仪硬件的基础上，开发了测量系统软件。利用前述各章节介绍的测量算法和测量模型，对原有的测量软件的核心测量计算部分进行了全面升级，进一步完善了处理功能，大大提高了测量速度，并利用测量系统软件进行了实际齿轮测量实验，验证了直齿圆柱齿轮机器视觉测量仪及其软件的测量精度。

4.6.1 测量系统软件

测量系统软件是直齿圆柱齿轮机器视觉测量仪的核心，决定了测量精度和处理速度，其中最关键的部分是实现快速、可靠、高精度测量的算法。本测量系统软件采用了模块化设计，分为参数输入与测量结果输出（主界面）模块、图像采集模块、图像预处理模块、像素点参数数据库模块、亚像素边缘检测模块、边缘过渡带均值滤波模块、边缘失

图 4-27　齿轮机器视觉测量仪软件系统主界面

真判别与修正模块、齿廓基圆位置定位模块、齿廓偏差测量模块、齿距偏差测量模块、齿厚偏差测量模块和公法线长度测量模块等。系统主界面如图 4-27 所示，核心部分的软件模块框图如图 4-28 所示。

图像预处理软件模块包括图像高斯滤波、双阈值图像边缘过渡带灰度分割、齿轮外部轮廓分割、齿廓测量区域径向分割 4 个子模块，其主要功能是将采集到的图像通过滤波进行去噪处理，提取边缘过渡带内像素点的图像坐标系位置和灰度值，将边缘过渡带按齿廓径向划分，并提取其中的测量关注区域。

像素点的参数数据库模块的功能是：按齿廓序号对边缘过渡带测量关注区域内的像素点信息进行分类存储，通过坐标变换和渐开线参数计算，每一个像素点构建 x_k、y_k、g_k、r_k、λ_k、α_k、θ_k、χ_k、φ_k、δ_k、τ_k、G_k、Z_k、t_k 等 14 个相关参数信息库，为各测量软件模块提供可快速检索的数据，提高整个系统的运行速度。

边缘过渡带均值滤波模块的功能是：利用边缘过渡带像素点的位置参数 r_k 和 t_k，经过均值滤波，得到等径向间隔的边缘点信号 $t(r_i)$ 和 $\varphi(r_i)$。

亚像素边缘检测模块的功能是：利用基于 Bertrand 灰度曲面模型亚像素边缘检测改进算法，分别检测各齿廓的亚像素边缘点的 μ_i 和 φ_i，为齿廓边缘失真判别修

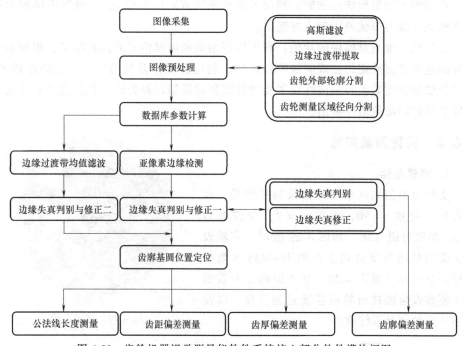

图 4-28 齿轮机器视觉测量仪软件系统核心部分软件模块框图

正、齿廓基圆位置定位、齿廓偏差测量提供数据。

边缘失真判别与修正模块分为两种，一种是利用亚像素边缘点信息 μ_i 和 φ_i 进行边缘失真判别与修正，另一种是利用边缘过渡带均值滤波后的边缘信息 $t(r_i)$ 和 $\varphi(r_i)$ 进行边缘失真判别与修正。两个模块算法相同，只是处理信号不同。边缘失真判别与修正模块又分为齿廓图像边缘失真判别和齿廓图像边缘失真修正两个子模块。齿廓图像边缘失真判别子模块的功能都是采用迭代逼近方法分离齿廓倾斜偏差，再采用邻近度判别方法判别齿廓边缘失真区域，在齿廓偏差测量时只用到齿廓图像边缘失真判别各子模块的处理结果，选取无边缘失真齿廓作为齿廓偏差测量对象；齿廓图像边缘失真修正子模块的功能是对判别齿廓边缘无失真区域的边缘信号进行最大概率区间估计，在最大概率区间内计算齿廓位置参数 μ_0^* 或 t_0^*。

齿廓基圆位置定位模块的功能：利用齿廓位置参数 μ_0^* 或 t_0^* 计算各齿廓在基圆上的定位参数 φ_0^*。

齿廓偏差测量模块的功能：在齿圈圆周近似间隔 $z/4$ 处选取 4 条无失真齿廓进行测量，利用亚像素边缘点的法向偏距信息 μ_i，根据齿廓总偏差、齿廓形状偏差、齿廓倾斜偏差的测量模型计算各项齿廓偏差测量值并输出。

齿距偏差测量模块的功能：利用齿廓基圆位置定位参数 φ_0^*，根据单个齿距偏差、齿距累积偏差、齿距累积总偏差的测量模型计算各项齿距偏差测量值并输出。

齿厚偏差测量模块的功能：利用齿廓基圆位置定位参数 φ_0^*，根据齿厚偏差的测量模型计算齿厚偏差测量值并输出。

公法线长度测量模块的功能：利用齿距偏差和齿厚偏差的测量结果，根据被测齿轮的基本参数确定公法线测量的跨齿数。利用齿距偏差和齿厚偏差的测量结果，利用公法线长度偏差和公法线长度变动量的测量模型计算公法线长度偏差和公法线长度变动量的测量值并输出。

4.6.2 齿轮测量实验

1. 测量条件

实验对象为标准渐开线直齿圆柱齿轮，齿轮参数：齿数 $z = 90$，模数 $m = 2$，变位系数 $\zeta = 0$，精度等级 5 级，如图 4-29 所示。实验设备为美国精密系统公司生产的 M&M3525 数控齿轮测量中心（见图 4-30）和本课题组开发的中小模数直齿圆柱齿轮机器视觉测量仪，以及本书开发的测量系统软件。

图 4-29　被测齿轮

图 4-30　齿轮测量中心现场图

2. 测量实验步骤

分别采用 M&M3525 数控齿轮测量中心和中小模数直齿圆柱齿轮机器视觉测量仪对被测齿轮进行测量，美国精密系统公司生产的 M&M3525 数控齿轮测量中心的测量委托沈阳机床（集团）有限责任公司的齿轮测量中心测量，给出测量结果。中小模数直齿圆柱齿轮机器视觉测量仪的测量步骤如下。

1）输入被测齿轮参数：齿数 $z = 90$、模数 $m = 2$、分度圆压力角 $\alpha = 20°$。

2）设置测量参数：灰度阈值 $\Delta g = 115$、齿廓测量区域宽度系数 $c = 0.85$、图像像素当量 $A_e = 19.4507$、齿轮中心标定图像坐标（$x_0 = 1218.23$，$y_0 = 1218.23$）、单

齿拍照节拍 $t = 0.6s$。

3）清洗被测齿轮。

4）安装齿轮。

5）调整图像图像位置和物距。

6）启动测量。

3. 实验结果与分析

齿轮机器视觉测量仪系统在图像采集过程中并行处理数据和测量计算，齿轮的齿距偏差测量分别采用了齿廓基圆位置边缘过渡带定位测量模块和亚像素定位测量模块两种测量方法进行测量实验，同时测量了4个齿廓偏差。前者测量总时间约为157s，单个齿距平均测量时间为0.45s；后者测量总时间约为200s，单个齿距平均测量时间为0.69s。为了便于测量结果对比，将齿轮机器视觉测量仪的测量结果进行了后期输出格式上的调整。

（1）齿距偏差测量结果与分析　M&M3525数控齿轮测量中心的齿距偏差测量结果如图4-31所示，采用边缘过渡带定位的齿距偏差测量结果如图4-32所示。采用亚像素边缘定位的齿距偏差测量结果如图4-33所示。

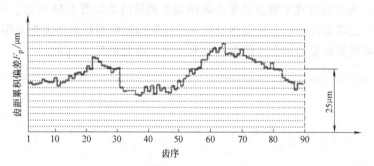

图4-31　齿轮测量中心的齿距偏差测量结果

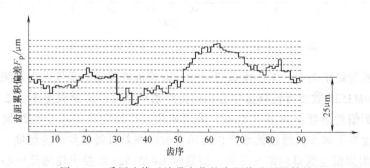

图4-32　采用边缘过渡带定位的齿距偏差测量结果

对比3种方法的测量结果可知，最大单个齿距偏差均出现在第30个齿距，M&M3525数控齿轮测量中心测量的最大齿距偏差为7.6μm；采用边缘过渡带定位的机器视觉测量的最大齿距偏差为6.9μm，与M&M3525数控齿轮测量中心的测量

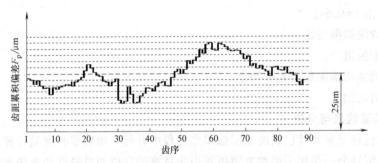

图 4-33 采用亚像素边缘定位的齿距偏差测量结果

值相差 0.7μm；采用亚像素边缘定位的机器视觉测量的最大齿距偏差为 8.4μm，与 M&M3525 数控齿轮测量中心的测量值相差 0.8μm。两种机器视觉测量结果的齿距累积偏差总体趋势基本一致，M&M3525 数控齿轮测量中心测量的齿距累积总偏差为 20.9μm；采用边缘过渡带定位的机器视觉测量的齿距累积总偏差为 21.9μm，与 M&M3525 数控齿轮测量中心的测量值相差 1μm；采用亚像素边缘定位的机器视觉测量的齿距累积总偏差为 23.5μm，与 M&M3525 数控齿轮测量中心的测量值相差 2.6μm。两种机器视觉测量的单个齿距偏差测量结果如图 4-34 所示。可以看出，采用边缘过渡带定位的机器视觉测量的单个齿距偏差的测量值略大于采用亚像素边定位的机器视觉测量的单个齿距偏差的测量值，最大相差 1.7μm。

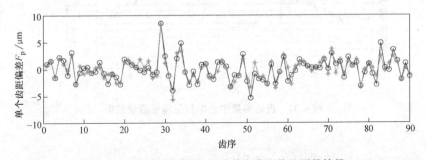

图 4-34 两种机器视觉测量的单个齿距偏差测量结果

上述测量结果表明，中小模数直齿圆柱齿轮机器视觉测量仪的齿距测量精度较高，与 M&M3525 数控齿轮测量中心相比齿距累积总偏差测量误差小于 2.6μm，最大单个齿距偏差测量误差小于 1μm。采用亚像素边缘定位的单个齿距偏差机器视觉测量精度高于采用边缘过渡带定位的单个齿距偏差机器视觉测量精度。

（2）齿廓偏差测量结果与分析　测量时 M&M3525 数控齿轮测量中心输出了第 1 和第 46 齿的齿廓偏差测量结果，所以机器视觉齿轮测量仪也选择了同样的齿廓偏差测量结果作为对比。齿廓偏差测量结果如图 4-35 所示，其中，机器视觉测量仪的齿廓偏差测量结果如图 4-35a 所示；M&M3525 数控齿轮测量中心的齿廓偏差测量结果如图 4-35b 所示。输出的齿廓总偏差数据见表 4-2。表中 M_1 为齿轮测量中心的齿廓总偏差测量结果；M_2 为机器视觉测量仪的齿廓总偏差测量结果；ΔM 为两种测量方法的差值；F_α 为齿廓总偏差的允许值。

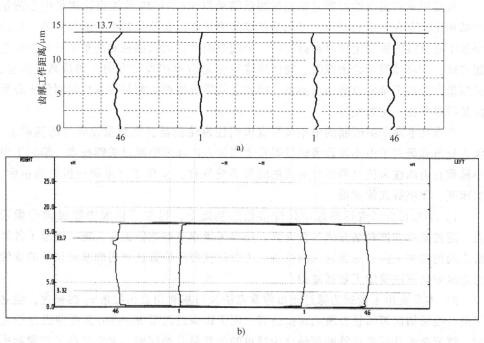

图 4-35　齿廓偏差测量结果

a）机器视觉测量结果　b）齿轮测量中心结果

　　从表 4-2 不难看出，采用两种测量方法测得的被测齿轮的齿廓总偏差值均达到 5 级精度，与 M&M3525 数控齿轮测量中心测量结果相比，机器视觉测量仪测得的齿廓总偏差的最大测量误差为 $1\mu m$，平均测量的误差最大值为 $0.55\mu m$。实验表明，机器视觉测量系统的测量精度与齿轮测量中心的测量精度相当，可以满足 5 级精度齿轮齿廓总偏差的测量要求。

表 4-2　两种方法测量结果对比　　　　　　　（单位：μm）

被测齿		M_1	M_2	ΔM	F_α
齿 1	左	2.1	2.6	0.5	7
	右	2.7	3.7	1.0	7
齿 46	左	6.5	6.6	0.1	7
	右	3.8	4.0	0.2	7
平均值	左	4.3	4.6	0.3	7
	右	3.3	3.85	0.55	7

　　将两种方法测量的同一齿廓的偏差分布情况进行对比，可以看出虽然齿廓局部

上有微小差异，但是两种方法测得的齿廓分布整体趋势一致，实验结果表明了本书提出的齿廓边缘亚像素检测算法和齿廓偏差测量模型得到的测量精度的可靠性。

机器视觉测量仪的齿廓总偏差的测量结果与 M&M3525 数控齿轮测量中心测量结果相比，存在一定的误差，可能是获取的测量点位置信息的差异而导致的。齿轮测量中心测得的齿廓定位是在齿轮的一个端截面上，而机器视觉测量系统采用背光源方式，获取被测齿轮图像时，物体成像定位是齿廓在齿向方向上的最高点信息，此测量方法属于全面齿廓信息测量，因此会使得机器视觉测量仪和齿轮测量中心所测量结果存在一定的差异。

本章在本课题组研制的中小模数直齿圆柱齿轮机器视觉测量仪硬件的基础上，深入分析和研究了中小模数齿轮机器视觉测量方法和齿距测量关键技术。编制了中小模数直齿圆柱齿轮机器视觉测仪的测量系统软件，实现了直齿圆柱齿轮高精度、快速度、非接触式的测量。

1）本章在合理选择图像预处理参数的基础上，提取了齿廓边缘过渡带像素点，通过坐标变换和渐开线参数计算，建立了像素点参数数据库。统一规范了各算法之间的数据交换，为齿廓基圆位置的边缘过渡带定位算法和齿廓基圆位置的亚像素边缘定位算法奠定了数据基础。

2）本章提出了齿廓边缘过渡带像素点法线与基圆切点相位角 τ_k 的概念，建立了渐开线沿切向等弧长分段的递推公式，用于边缘过渡带 Bertrand 灰度曲面分段处理，将复杂的几何量计算问题转化为简单的代数量分类问题，大大提高了亚像素边缘检测速度，改进算法的计算速度比原算法提高 23 倍。使得在实时测量过程中实现用亚像素边缘检测结果对所有齿廓进行失真判别与修正，给出精确的齿廓基圆位置定位参数 ϕ_0^*，并且达到 0.7s 测量 1 个齿距的齿距测量速度指标要求。

3）本章利用亚像素边缘点的法向偏距 μ_i 和边缘过渡带径向分段平均法向偏距 t_i 两种信号，分别采用迭代逼近方法进行齿廓倾斜偏差分离，用邻近度判别方法对齿廓图像边缘失真进行判别，采用剔除法对齿廓圆周定位参数 ϕ_0^* 进行修正，提高了齿廓圆周定位精度。经过实验验证，齿廓图像边缘失真修正后测得的齿距与经过严格清洗处理后不存在齿廓图像边缘失真时测得的齿距十分接近，偏差小于 0.75μm，从而降低了对齿轮清洗和测量操作的要求，提高了机器视觉测量仪的实用性。

4）本章利用亚像素边缘点的法向偏距 μ_i 作为测量参数，建立齿廓总偏差 F_α、齿廓形状偏差 $f_{f\alpha}$ 和齿廓倾斜偏差 $f_{H\alpha}$ 的测量模型，经过齿廓失真判别，选取无失真齿廓边缘进行齿廓偏差测量，简化了齿廓偏差测量计算，提高了测量速度。

5）本章利用经过失真修正的齿廓平均初始相位角 ϕ_0^* 作为齿廓圆周定位参数，建立单个齿距偏差 f_{pt}、齿距累积偏差 F_{pk}、齿距累积总偏差 F_p 以及径齿厚 s_{rj} 和公法线长度变动 ΔF_w 的测量模型，简化了齿廓位置偏差的测量计算，提高了测量速度。

6）本章分析了基圆定位偏心对齿距测量精度的影响规律，提出了基圆定位偏心对齿廓定位误差影响的正弦曲线模型和齿距测量误差增量模型。经实验验证，齿距测量误差增量模型具有较高的计算精度，可以用于齿轮机器视觉测量仪器研发时的精度分析。用该模型分析得出结论：提高齿轮机器视觉测量仪的齿轮旋转定位精度，是提高齿距测量精度的有效途径；当偏心量 $e \leqslant 40\mu m$，定位误差 $\Delta\psi_j \leqslant 1°$ 时，可以满足 5 级精度齿轮的测量要求；当齿轮齿数 $z \geqslant 45$ 时，可以采用双齿距测量方法来提高机器视觉测量效率，能够满足 5 级精度齿轮的测量要求；基圆定位偏心量增大会影响齿廓形状的测量误差，因而对机器视觉测量齿距偏差的精度有一定的影响。

7）本章采用模块化设计的机器视觉测量系统软件，操作简单、测量速度快、精度较高、功能比较完善，实测 90 齿的齿轮总用时小于 200s，平均每个齿距测量时间小于 1s。齿距累计偏差测量结果与 M&M3525 齿轮测量中心的测量结果相比，偏差小于 $3\mu m$。齿廓总偏差测量结果与 M&M3525 齿轮测量中心的测量结果相比，偏差小于 $1\mu m$。

第5章

零件2D几何量检测实例

随着工业现代化的进一步发展，面对先进制造装备所生产的零件加工精度越来越高，传统的检测手段难以满足检测速度越来越快的要求。机器视觉精密测量是一种高效、非接触、高精度、智能化的先进检测技术，能实现快速、高效地检测各种形状复杂工件的轮廓和表面形状尺寸、角度及位置，特别是对精密零部件的几何量检测与质量控制，具有举足轻重的作用。本章选取课题组近年应用机器视觉精密检测的 3 个实例，供读者参考。

5.1 齿轮泵中间体检测

5.1.1 齿轮泵中间体

一台完整的齿轮泵由主动齿轮、从动齿轮、中间体、前后泵盖、侧板及一些辅助件组成。齿轮泵中间体（见图 5-1）的内腔尺寸、位置精度，尤其中间 8 字形孔的精度对于齿轮泵至关重要，直接影响着齿轮泵的工作效率、噪声及寿命等。

（1）齿轮泵中间体加工工艺

1）铣两平面，预留磨量。

2）粗磨两平面，保证泵体厚度尺寸统一。

3）钻工艺孔。

4）以工艺孔定位粗车 8 字形孔，留余量。

5）铣中间体外轮廓。

6）钻进油孔、回油孔及法兰孔。

7）粗镗 8 字形孔，留余量。

8）精镗 8 字形孔，留余量。

9）铣所有槽。

10）钻、扩安装孔及定位孔。

11）精磨。

图 5-1　齿轮泵的中间体

12）去毛刺、清洗。

（2）传统检测方法 该零件轮廓圆弧较多，需要保证基准孔的尺寸、圆度和中心距，精度要求为 IT7 级（±0.0125mm）。传统检测方法是用专用内径千分尺检测两孔径及 8 字形孔距。

1）8 字形孔距尺寸的匹配：中间体两孔距要和前、后泵盖的相关孔匹配，保证齿轮在同一轴线上；孔距超差，会引起齿轮损坏、高噪声，甚至泵体损坏及报废，还会使效率下降，无法满足作业工况。

2）8 字形孔与平面的垂直度：8 字形孔内装配一对主动齿轮和从动齿轮，这对齿轮齿数一样，齿高一样，端面有侧板。侧板可以降低困油现象，减小工作噪声，调整轴向间隙，减小内泄漏，提高容积效益。如果 8 字形孔与平面不垂直，齿轮就会单边磨损或损坏侧板。

3）8 字形孔距的检测：两孔距无法直接读出，只能经过间接检测计算，在装配时，根据检测的尺寸，配相应的齿轮，保证齿轮与泵体的间隙。

（3）机器视觉检测方案 在检测的速度、精度、自动化程度和安全性方面，传统的检测方法存在局限性。机器视觉测量技术凭借高速、高精和高效的优势，应用越来越广泛。采用机器视觉测量技术可以提高测量的精度、判别的准确率和辨别的速度，从而最大程度避免人为误差，保证产品质量，提高生产效率。CCD 具有高灵敏度、高分辨率、高速度、宽光响应及测量的非接触性等优点，在半导体、电子等行业得到了越来越广泛的应用。

测量步骤如下：

1）选择合适的 CCD、镜头、照明和传输方式，建立硬件系统；获取数字图像，提取像素级零件轮廓。

2）用双三次插值法进行像素细分，检测出边缘，并用多项式拟合，确定以 1/5 亚像素（0.00826mm）为单位的零件边缘数据。

3）变权重最小二乘分段拟合出零件轮廓的圆弧和直线段，以两个基准孔的连线为 X 轴，建立被测工件坐标系。

4）计算圆度误差和中心距等几何量，判断是否合格并标注不合格位置。

5.1.2 齿轮泵体数字图像获取

CCD 检测技术作为一种能有效实现动态跟踪的非接触检测技术，被广泛应用于尺寸、位移、表面形状检测和温度检测等领域。在尺寸测量中，通常采用合适的照明系统使被测物体通过物镜成像在 CCD 靶面上，通过对 CCD 输出的信号进行适当处理，提取测量对象的几何信息，结合光学系统的变换特性，计算出被测尺寸。

为了消除传感器一侧零件表面和侧面反射的影响，本系统采用漫反射的背光，波长为 470nm 的蓝色 LED 光源。传输方式采用基于千兆以太网通信协议开发的相机接口标准 GigE Vision。机器视觉测量系统硬件组成如图 5-2 所示。

图 5-3 所示为用该系统所得齿轮泵中间体的数字图像，因为是背光拍摄，所以被测工件与背景区分明确。边缘局部放大如图 5-4 所示，图像边缘锐利，过渡带基本为 3 个像素。白色背景的灰度值在 250 以上，黑色工件表面灰度值约 30，3 个过渡带像素的灰度值在 70、130 和 210 左右变动。

图 5-2　机器视觉测量系统硬件组成　　　　图 5-3　样件数字图像

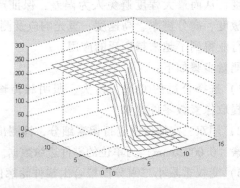

图 5-4　边缘局部放大及其灰度曲面

图像经过数字化后，产生一个实数矩阵，矩阵各点的数值对应图像空间点的灰度值，一幅数字图像可用矩阵表示为

$$\boldsymbol{G}(r,c)=\begin{bmatrix} g(0,0) & g(0,1) & \cdots & g(0,n-1) \\ g(1,0) & g(1,0) & \cdots & g(1,n-1) \\ \vdots & \vdots & \vdots & \vdots \\ g(m-1,0) & g(m-1,0) & \cdots & g(m-1,n-1) \end{bmatrix} \tag{5-1}$$

$g(i,j)$ 为第 i 行第 j 列像素的灰度值，因此，对图像的各种处理就是对矩阵进行的各种运算，高精度图像测量，本质上是边缘等信息的精确定位。实际图像边缘可以看作是成像系统的点扩展函数与理想图像函数的卷积。

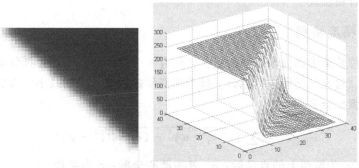

图 5-5 双三次插值图像细分及其灰度曲面

5.1.3 亚像素边界特征提取

亚像素检测算法经过多年的发展，现已衍生出拟合法、插值法、矩方法、概率论法等多种算法。这些算法在检测精度、抗噪性、运算量等方面各有不同，因而需要根据具体应用场合来选择合适的算法。在检测工程中遵循先粗后精的计算思路，首先使用像素级的特征检测方法初步定位目标，得到像素级精度的定位结果，然后用亚像素边缘检测算子对初步定位的结果进行精确定位，得到亚像素精度的最终结果。

本节采用插值法和拟合法相结合的方法。先用插值法对数字图像进行细分，再用多项式对细分后提取的边缘进行拟合。双三次插值法的输出像素值是输入图像中 2×2 邻域采样点的平均值，根据某像素周围 4 个像素的灰度值在水平和垂直两个方向上进行三次插值。通过双三次插值可以得到一个连续的插值函数，它的一阶偏导数连续，并且交叉导数处处连续。图 5-4 所示为图像边缘局部，每个像素对应的实际尺寸约为 0.04mm。采用双三次插值法，对图像进行细分，细分后的边缘局部如图 5-5 所示，每个像素对应的实际尺寸约为 0.008mm。经过细分、数据密化，提取的零件边缘轮廓如图 5-6 所示。

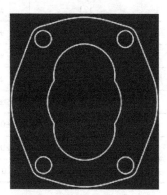

图 5-6 图像细分后提取的零件边缘轮廓

边界提取的结果是亚像素精度的轮廓点，可以表示为以下 2 行 k 列的数组

$$E = \begin{bmatrix} r \\ c \end{bmatrix} = \begin{bmatrix} e(1,1) & e(1,2) & \cdots & e(1,k) \\ e(2,1) & e(2,1) & \cdots & e(2,k) \end{bmatrix} \tag{5-2}$$

式中，r、c 分别为边界点对应的像素坐标；k 为边界的像素个数，通常值很大，图 5-6 所示的边界对应的 k 约为 150000。

利用以上这些数据，系统计算圆度误差和中心距等几何量，判断零件是否合格并标注不合格位置。

5.1.4 精度检测

该零件轮廓为圆弧和直线的组合，共有 6 个封闭环。每部分再分割成相对应的几何元素，对几何元素进行拟合，减少离群值的影响。采用最小二乘法拟合直线和圆弧，圆弧拟合公式为

$$\varepsilon^2 = \sum_{i=1}^{n} (\sqrt{(r_i - \alpha)^2 + (c_i - \beta)^2} - \rho)^2 \tag{5-3}$$

式中，r_i、c_i 为圆弧上的点坐标；α、β 为圆心坐标；ρ 为半径。

为了使拟合更加鲁棒，引入权重以减小离群值的影响。

用 0 级量块对系统进行标定，每个像素的对应尺寸为 0.0413mm，1/5 像素的对应尺寸为 0.00826mm。对同一工件，分别用机器视觉系统（耗时 12s）和三坐标测量仪（英国 LK-G90CS15.10.8，精度 0.002mm，耗时 22min）进行测量比较，数据见表 5-1。序号 1~5 的机器视觉系统测量尺寸与三坐标测量仪测量尺寸相差较大，因为这些是非精加工表面，零件尺寸精度为未注公差 m 级。

表 5-1　机器视觉系统和三坐标测量仪的测量数据

序号	公称尺寸/mm	公差范围/mm	机器视觉系统测量尺寸/mm	三坐标测量仪测量尺寸/mm	测量数据差值/mm
1	121	±0.3	121.145	121.083	0.062
2	107	±0.3	107.271	107.247	0.034
3	60	±0.3	60.045	59.964	0.081
4	90	±0.3	89.987	90.034	-0.047
5	ϕ53.6	±0.3	ϕ53.583	ϕ53.617	-0.034
6	ϕ44.6	±0.0125	ϕ44.591	ϕ44.598	-0.007
7	38.1(ϕ44.6圆中心距)	±0.0125	38.096	38.102	-0.006
8	圆度(ϕ44.6圆)	0.015	0.011	0.009	0.002

本节以计算机视觉方法为基础，综合运用图像处理、像素细分以及数据处理等技术的非接触检测方法，可以实现中小尺寸（150mm）中高精度（IT5~IT7）薄板零件柔性、快速和低成本的检测目标。应用效果表明，该方法具有高检测精度和检测效率，为薄板零件的机器视觉测量提供了一种有效的数据检测手段，对于薄板工业零件的高精度测量与机器视觉检测具有重要的意义。

5.2　机油泵零件快速显微测量

机油泵是燃油系统的重要组成部分，合理控制其部件间的配合间隙，有利于降

低发动机的整体噪声。本节在对背光数字图像进行亚像素边缘提取的基础上，采用 Ramer 算法对获取的亚像素边缘坐标数据按直线和圆弧等基本几何特征进行分段，然后采用改进最小二乘法，研判各离散点与设置的预拟合曲线的有效范围，提取有用边缘，迭代拟合零件轮廓的圆弧和直线，消除、抑制离群值对边缘检测的干扰。本节以机油泵零件检测为例，介绍机器视觉在中小机械零件的中心距、圆度等几何量的中高精度（IT5～IT7）测量中的应用。

5.2.1 机油泵零件

机油泵是柴油机燃油系统中润滑系统的重要组成部分，它的作用是为润滑系统提供足够压力和流量的机油，对柴油机的整机性能，特别是对柴油机的使用寿命和节能效果有较大影响。转子式机油泵具有结构紧凑、工作可靠、供油均匀、效率高、成本低廉的优点，在中小功率内燃机上已获得普遍应用。机油泵在运转时，如果相关部件间存在间隙，在旋转啮合时，就会产生不同程度的碰撞，特别是在高速运转时，发动机功率会被部分消耗，而且会产生较为剧烈的振动和噪声。机油泵本身内部零部件存在间隙，同时，柴油机的各摩擦副在工作中都有磨损，也增加了配合间隙和机油的泄漏。以转子式机油泵为例，存在间隙的主要部位有外转子与壳体之间，内、外转子之间，内转子与驱动部件之间等，这些部位的间隙影响机油泵的容积效率，可能造成泄漏。同时，在运转过程中，会产生不同程度的碰撞，从而产生较大的振动和噪声。所以，精密的制造、检测与装配，部件间配合间隙的合理控制，对于降低发动机的整体噪声和提高其性能至关重要。机油泵零件如图 5-7 所示。

图 5-7 机油泵零件

在设计机油泵时，通常是根据外转子齿廓方程、内外转子齿数与中心距来设计内转子的齿廓。转子式机油泵的内、外转子工作面的轮廓是一对共轭曲线，可保证两个转子相互啮合时既不干涉也不脱离，实现准确平稳传动。在实际工程设计与制造中，对转子型线的设计、制造和检测精度要求很高，靠人工检测不能很好地满足检测要求。基于机器视觉的图像检测技术，以其固有的高精度、非接触无损检测、自动化等特点，成功应用于机油泵零件的检测。

5.2.2 测量方案

（1）测量项目的确定 通过对机油泵关键零部件的结构与机构件运动进行分析，间隙主要由转子外径、内轮廓的误差造成，这些因素的尺寸误差、形状误差需要控制在一定公差范围内，进而满足机械性能和流体运动学性能的要求。

转子孔起支撑转子轴的作用，孔有圆度公差要求，孔的精度会极大地影响孔轴的配合精度，会造成局部磨损，影响连接的牢固性，还会使零件变形，同样会影响连接强度及定心作用。同时，内外转子中心距也有公差要求，以保证转子在腔中正常运动，防止转子与壳体之间偏磨，影响运动、工作精度和工作寿命。

测量系统主要集中在对中心距、圆度、廓形、尺寸精度这些平面内的几何量测量，但不能有厚度方向的测量，比如圆柱度、平面度。因此，最终确定的检测项目包括内外转子型线，轴孔的尺寸精度、圆度、中心距等。被测转子如图 5-8 所示。

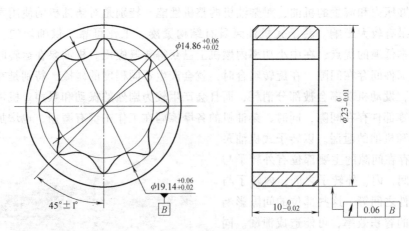

图 5-8　被测转子

（2）测量装置　针对机油泵内外转子实际生产存在的技术问题，搭建基于机器视觉测量技术的测量系统如图 5-9 所示。本检测系统由硬件部分和软件部分组成，根据测量的视场和精度要求，选择合适的镜头、CCD 图像传感器、图像采集卡、光源和信号发生器、CCD 驱动器、主控计算机等，建立硬件系统，负责整个机器视觉测量系统的图像采集工作。软件部分主要是通过对采集到的图像进行预处理、边缘提取等方法来完成图像处理和图像测量。

其中，计算机的作用是通过图像采集卡接口接收图像并处理图像，使检测系统各部分协调工作；镜头的作用是将成像目标聚焦在 CCD 靶面上；工业相机的作用是将通过镜头聚焦于 CCD 的光线生成图像；光源用于增大被测物与背景之间的对比度；图像采集卡则是完成图像的采集与数字化。

如图 5-9 所示，通过上下移动竖直导轨滑块，可调节镜头与被测物、镜头与光源间的距离。这样避免了人工移动相机镜头带来的误差。系统采用背光源照射方式，利用控制系统，根据照明环境要求进行参数调节，可实现图像和背景的最佳分离。

（3）测量步骤　以 LED 作为光源，采用 AVT Cameras 的 Stingray 系列可变焦一

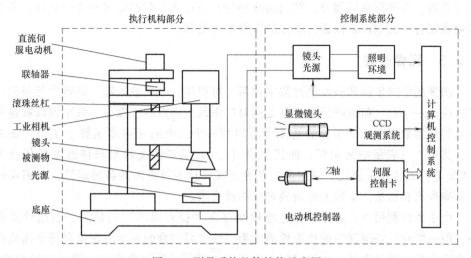

图 5-9 测量系统整体结构示意图

体化光学透镜 CCD 工业相机接收光电传感器的外部触发，担负图像采集任务，进而提取出零件信息。同时，在对图像进行正式处理前进行图像的预处理，以提升图像质量，图像处理过程如图 5-10 所示。在采集、传输等过程中，数字图像可能受到一定程度的破坏和各式噪声污染，需要在早期弱化、消除此类干扰，以达到增强图像目的；然后，利用双线性内插值算法获取四个最邻近目标像素的像素值，乘以

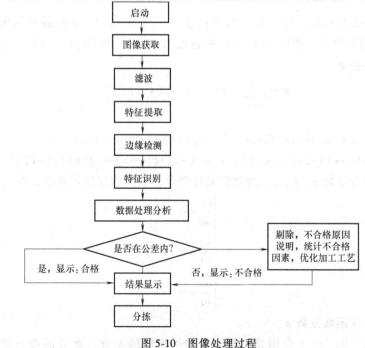

图 5-10 图像处理过程

权重系数，再进行像素细分，利用边缘检测查找边缘及附近像素并进行处理；基于多项式拟合，确定以亚像素为单位的零件边缘数据。

5.2.3 图像处理

图像的空间坐标和亮度经过数字化后，可视作一个实数矩阵，矩阵中行与列的数值决定一个点，而矩阵元素值就是所对应图像空间点的灰度值。数字图像就是灰度值的二维数组。一个单色静止图像可以用一个二维的光强度函数 $g(i, j)$ 来表示，其中 i、j 表示空间坐标，而任意点 (i, j) 的光强度函数与该点图像的亮度（或灰度）成正比。因此，对图像的各种处理转换为对矩阵的各种运算，对图像进行精确检测和测量，本质上是精确定位图像边缘。

由于考虑利用微分算子进行边缘检测存在"提升噪声"的缺陷，虽然计算量小，但一般难以获得理想的边缘检测结果。而曲面拟合的基本思想是采用平面或高阶曲面来拟合图像中某一小区域的灰度表面，进而计算该曲面的一阶或二阶导数，用该曲面的梯度代替点的梯度，减小噪声影响，从而实现边缘检测。上述方法中，函数的选择非常重要，在实际工程运用中，通常采用低阶多项式。

令图像面积元 Δs 由四个相邻像素 $f(x, y)$、$f(x, y+1)$、$f(x+1, y+1)$、$f(x+1, y)$ 组成：

$f(x,y)$	$f(x,y+1)$
$f(x+1,y)$	$f(x+1,y+1)$

以一次平面进行拟合时，用一次平面 $g(x, y) = ax+by+c$ 去逼近图像面积元 Δs 上的四个相邻像素，即用 $g(x, y)$ 去逼近 $f(x, y)$。已知 $f(x, y)$ 与 $g(x, y)$ 之间的均方误差 ε

$$\varepsilon = \sum_{x,y \in \Delta s} \left[g(x,y) - f(x,y) \right]^2$$

即

$$\varepsilon = \left[ax+by+c-f(x,y) \right]^2 + \left[a(x+1)+by+c-f(x+1,y) \right]^2 +$$
$$\left[ax+b(y+1)+c-f(x,y+1) \right]^2 + \left[a(x+1)+b(y+1)+c-f(x+1,y+1) \right]^2 \quad (5\text{-}4)$$

求一次函数系数 a、b、c，为达到最佳吻合，应使均方误差最小，令

$$\begin{cases} \dfrac{\partial \varepsilon}{\partial a}=0 \\[2mm] \dfrac{\partial \varepsilon}{\partial b}=0 \\[2mm] \dfrac{\partial \varepsilon}{\partial c}=0 \end{cases} \quad (5\text{-}5)$$

可解得一次函数系数 a、b、c。

式（5-5）中，a、b 分别是两列、行的平均值的差分，此处的差分建立在平

滑的基础上，其过程是求平均后再求差分，因而对噪声有抑制作用。此平面是对已知 2×2 邻域内的图像灰度级的最好近似，即检测出的边缘尽可能在实际边缘中心。

但在实际应用时，一次曲面不能满足精度要求，因此采用二次曲面拟合，令图像面积元 Δs 由以下九个相邻像素组成：

$f(x-1,y-1)$	$f(x-1,y)$	$f(x-1,y+1)$
$f(x,y-1)$	$f(x,y)$	$f(x,y+1)$
$f(x+1,y-1)$	$f(x+1,y)$	$f(x+1,y+1)$

用二次曲面 $g(x,y)=ax^2+bxy+cy^2+dx+ey+g$ 去逼近图像面积元 Δs 上九个相邻像素，即用 $g(x,y)$ 去逼近 $f(x,y)$。$f(x,y)$ 与 $g(x,y)$ 之间的均方误差

$$\varepsilon = \sum_{x,y \in \Delta s} \left[g(x,y) - f(x,y) \right]^2$$
$$= \sum_{x,y \in \Delta s} \left[ax^2 + bxy + cy^2 + dx + ey + g - f(x,y) \right]^2$$

现在求一次函数系数 a、b、c、d、e、f、g，令

$$\frac{\partial \varepsilon}{\partial a}=0,\ \frac{\partial \varepsilon}{\partial b}=0,\ \frac{\partial \varepsilon}{\partial c}=0,\ \frac{\partial \varepsilon}{\partial d}=0,\ \frac{\partial \varepsilon}{\partial e}=0,\ \frac{\partial \varepsilon}{\partial f}=0,\ \frac{\partial \varepsilon}{\partial g}=0,$$

可解得 a、b、c、d、e、f、g。

根据中心极限定理，经光学成像后的物方空间灰度剧变的边缘的灰度变化符合高斯分布，曲线顶点为边缘的精确位置。由于二次曲线是高斯曲线的高次逼近，以其来近似高斯曲线，误差小，计算效率高。计算窗口内二次曲面的极值点，该点为亚像素边缘。

5.2.4 数据处理

（1）零件特征提取 边界提取的结果是图像轮廓边界上一系列点的集合，具有亚像素级配准精度的图像边缘，轮廓点定义为 $p_i = (r_i, c_i)$，$i=1, \cdots, n$。某一轮廓由多种不同类型几何元素组成，将轮廓进行分割，实质上就是找到轮廓有序点的子集，$p_{ij} = (r_j, c_j)$，$j=1, \cdots, m$，$m<n$，每个子集对应分割后的某一段直线段或圆弧段。

图 5-11、图 5-13 所示为某机油泵中间体的背光数字图像，其亚像素边缘轮廓如图 5-12、图 5-14 所示。为了测量机油泵外转子的精度，需要将其分段。本节采用 Ramer 算法实现分段。

Ramer 算法是将曲线用一系列点近似表示并减少数据点数量的一种算法。对轮廓可以使用递归的方式，迭代其间的每一个点，遍历所得全部线段到各对应的轮廓段的最大距离小于某一指定的阈值，即要求这个距离超过阈值，则以这个点作为新

图 5-11　机油泵外转子背光数字图像

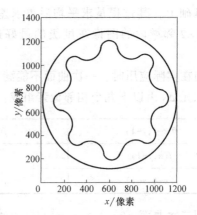

图 5-12　机油泵外转子亚像素边缘轮廓

图 5-13　机油泵内转子背光数字图像

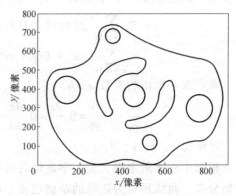

图 5-14　机油泵内转子亚像素边缘轮廓

的起点或止点。图 5-15 所示为截取的部分轮廓，从宏观上看，是一段连续的圆弧和一段直线的组合，微观上是系列点的集合。如图 5-15 左上图直线 AB 所示，轮廓上的点到直线 AB 的距离显然过大。采用在曲线中间插入点，对其进行密化，直至曲线上的点到直线的距离符合预先设定的阈值。

（2）误差分析　图 5-11 ~ 图 5-14 为机油泵内外转子数字图像提取的轮廓，轮廓基本上由圆弧段组成，制造精度要求的偏差范围为 + 0.02mm ~

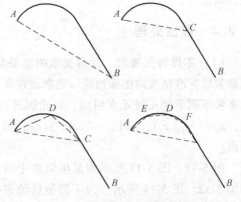

图 5-15　Ramer 算法细分亚像素边缘

+0.04mm。如采用传统人工方法进行测量，需要测量、计算中心孔的孔径圆度误差，还要采用多组量具，利用间接法进行测量，生产效率和精度低。由图 5-11 可知，外转子内轮廓为 16 段圆弧的组合，其中，圆弧的制造精度和孔中心距精度，直接影响泵的工作效率、振动及寿命等，严重影响泵的整机性能。表 5-2 为机油泵外转子内轮廓测量所得的中心距数据，采用最小二乘法拟合，完成中心距测量。通过分析测量数据可知，该机油泵中间体的尺寸偏差均在要求范围内。

表 5-2　机油泵外转子内轮廓测量所得中心距数据

序号	测量尺寸/mm	公称尺寸	尺寸偏差/mm
中心距 1	19.168	$19.14^{+0.06}_{+0.02}$	+0.028
中心距 2	14.882	$14.86^{+0.06}_{+0.02}$	+0.022
中心距 3	19.172	$19.14^{+0.06}_{+0.02}$	+0.032
中心距 4	14.897	$14.86^{+0.06}_{+0.02}$	+0.037
中心距 5	19.170	$19.14^{+0.06}_{+0.02}$	+0.030
中心距 6	14.902	$14.86^{+0.06}_{+0.02}$	+0.042
中心距 7	19.183	$19.14^{+0.06}_{+0.02}$	+0.043
中心距 8	14.895	$14.86^{+0.06}_{+0.02}$	+0.035

图 5-14 所示的机油泵内转子数字图像提取的轮廓，需要保证基准孔的圆度公差和中心距，采用最小二乘法拟合圆测量中心距及半径，测量结果见表 5-3。可以看出，机油泵内转子满足精度要求。

表 5-3　机油泵内转子测量数据

序号	测量尺寸/mm	公称尺寸	尺寸偏差/mm
左上圆 $\phi4$	$\phi4.019$	$\phi4^{+0.022}_{+0.018}$	+0.019
左下圆 $\phi6.5$	$\phi6.513$	$\phi6.5^{+0.02}_{+0.01}$	+0.013
右上圆 $\phi6.5$	$\phi6.518$	$\phi6.5^{+0.02}_{+0.01}$	+0.018
右下圆 $\phi4$	$\phi4.021$	$\phi4^{+0.02}_{+0.018}$	+0.021
中心圆 $\phi6$	$\phi6.011$	$\phi6^{+0.02}_{0}$	+0.011

5.2.5　齿轮泵零件检测小结

本节从图像灰度曲面入手，针对背光数字图像提取零件轮廓的亚像素边缘提出一种机油泵关键零件的快速精密测量方法。首先，通过曲面拟合，计算二次曲面的极值点，确定亚像素边缘位置，在此基础上采用 Ramer 算法对获取的亚像素边缘坐标数据，按照基于几何基元的线段、圆弧等特征进行分段。然后，采用改进最小二乘法，辨识各离散点与预拟合曲线是否在阈值内，进而提取有用边缘，通过迭代算法求得图像分割的最佳阈值。与现有算法相比，本节的算法利用曲面拟合来确定亚像素边缘可减小噪声对边缘的影响，提高了边缘的定位精度，能有效测量机油泵关键零件的中心距、圆度等几何量，检测时间从人工检测的 30min

减少到 2min。

5.3 磨削样板检测

目前，曲面磨削主要采用的方法是成形法和包络法，前者主要应用于螺杆磨削，后者可用于一般曲面磨削。这两种方法所面临的共同问题是曲面砂轮的修整。通常，砂轮在磨削一段时间后都会产生磨损，为了避免砂轮磨损影响工件加工表面的尺寸精度和表面质量，常常需要操作者根据经验对砂轮进行修整。但同时也要注意，频繁地修整砂轮不仅会降低磨削效率，而且会加快砂轮的损耗；另一方面，如果延误了修整周期，则又会影响工件的精度和表面质量。立方氮化硼等高硬度磨粒砂轮不用频繁修整，磨削效率显著提高，但这类砂轮修整困难，砂轮廓形误差对加工精度影响较大。为了提高效率，实现连续磨削，研究人员和机床生产厂商将更多的目光投向了在线砂轮磨损检测和在线砂轮修整技术，取得了实用性成果，但需要多轴控制来实现，使机床的造价和维修费用都很高。

基于砂轮实际廓形的曲面包络磨削方法，用砂轮的实际廓形来计算磨削轨迹，是解决上述问题的有效方法之一。实现该方法的必要条件是定期对砂轮廓形进行检测。

5.3.1 样板廓形的检测

本节的内容是基于机器视觉对砂轮廓形"复映"样板进行检测。为了验证所采用的机器视觉测量系统和算法软件的实用性，本章用 G-90CS 三坐标测量机（标称测量精度为 $2.9\mu m$，重复测量精度为 $1.5\mu m$）和本书机器视觉测量系统分别对样板廓形进行测量，对测量结果进行了对比和精度分析。

采用机器视觉测量系统测量样板廓形的步骤是：

1）对测量系统进行标定。

2）将样板定位安装在测量系统上。

3）随机采集样板廓形图像 15 次。

4）求 15 个图像对应像素点的灰度平均值，得到时域滤波图像。

5）对图像进行各向异性双边滤波处理。

6）利用改进的 Canny 算法提取单像素精度的边缘轮廓。

7）基于 2D Facet 模型在边缘像素内进行精定位，提取亚像素精度轮廓。

8）利用标定函数对轮廓进行位置计算和位置误差补偿。

9）对轮廓进行分段曲线拟合。

10）输出轮廓曲线。

5.3.2 各向异性双边滤波

为了解决线性滤波和双边滤波不能兼顾图像平滑和边缘保持的问题，本节采用各向异性双边滤波算法，根据边缘的结构特征，对双边滤波权因子进行了定义；采用各向异性高斯核，使滤波器在边缘的法向和切向进行不同尺度的滤波；在边缘的切向进行大尺度的滤波，最大限度地减小噪声的影响；在边缘的法向采取小尺度的滤波，尽可能地保持边缘梯度不变。

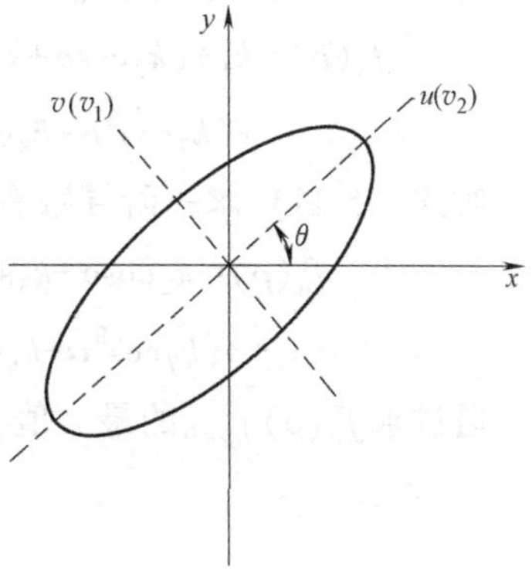

以 u 和 v 作为主轴的各向异性高斯核如图5-16所示，定义为

$$g = \exp\left[-\left(\frac{u^2}{2\sigma_u^2}+\frac{v^2}{2\sigma_v^2}\right)\right] \qquad (5\text{-}6)$$

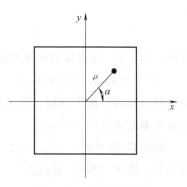

图 5-16　各向异性的高斯核

旋转 θ 角的坐标系变换为

$$\begin{bmatrix} u \\ v \end{bmatrix} = \begin{bmatrix} \cos\theta & \sin\theta \\ -\sin\theta & \cos\theta \end{bmatrix}\begin{bmatrix} x \\ y \end{bmatrix}$$

坐标变换后，式（5-6）变为

$$g_\theta = \exp\left[-\left(\frac{(x\cos\theta+y\sin\theta)^2}{2\sigma_u^2}+\frac{(-x\sin\theta+y\cos\theta)^2}{2\sigma_v^2}\right)\right] \qquad (5\text{-}7)$$

根据式（5-7），则空域权值 w_s 表达为

$$w_s(i,j) = \exp\left[-\left(\frac{((i-x)\cos\theta+(j-y)\sin\theta)^2}{2\sigma_u^2}+\frac{(-(i-x)\sin\theta+(j-y)\cos\theta)^2}{2\sigma_v^2}\right)\right] \qquad (5\text{-}8)$$

5.3.3　基于 Facet 模型提取亚像素边缘

2D Facet 模型是一个以对称邻域中心为坐标原点的二元三次多项式，由式（5-9）表达。

$$\begin{aligned} f(x,y) = & k_1+k_2x+k_3y+k_4x^2+k_5xy+k_6y^2+k_7x^3+ \\ & k_8x^2y+k_9xy^2+k_{10}y^3 \end{aligned} \qquad (5\text{-}9)$$

式中，x、y 是像元的坐标；k_1、k_2、$\cdots$、k_{10} 是待定系数。

为了保证算法是位置不变的，先建立一个局部坐标系，其原点建立在粗定位点处，则亚像素边缘点在边缘像素中的位置如图5-17所示。

则有

$$\begin{cases} x = \rho\cos\alpha \\ y = \rho\sin\alpha \end{cases} \qquad (5\text{-}10)$$

式中，ρ 是亚像素边缘点距离像素中心的距离；α 是梯度方向。

图 5-17　亚像素边缘点
在边缘像素中的位置

将式（5-10）代入式（5-9），则有

$$f_\alpha(\rho) = k_1 + (k_2\cos\alpha + k_3\sin\alpha)\rho + (k_4\cos^2\alpha + k_5\sin\alpha\cos\alpha + k_6\sin^2\alpha)\rho^2$$
$$+ (k_7\cos^3\alpha + k_8\cos^2\alpha\sin\alpha + k_9\cos\alpha\sin^2\alpha + k_{10}\sin^3\alpha)\rho^3 \quad (5\text{-}11)$$

对式（5-11）求一阶导数有

$$f'_\alpha(\rho) = k_2\cos\alpha + k_3\sin\alpha + 2(k_4\cos^2\alpha + k_5\sin\alpha\cos\alpha + k_6\cos^2\alpha)\rho$$
$$+ 3(k_7\cos^3\alpha + k_8\cos^2\alpha\sin\alpha + k_9\cos\alpha\sin^2\alpha + k_{10}\sin^3\alpha)\rho^2 \quad (5\text{-}12)$$

通过求 $f'_\alpha(\rho)\big|_{\rho=0}$ 的最大值，可求得边缘点的梯度方向为

$$\begin{cases} \sin\alpha = \dfrac{k_2}{\sqrt{k_2^2 + k_3^2}} \\[4mm] \cos\alpha = \dfrac{k_3}{\sqrt{k_2^2 + k_3^2}} \end{cases} \quad (5\text{-}13)$$

然后对式（5-11）求二阶导数，为了方便，记 $A = 2(k_4\cos^2\alpha + k_5\sin\alpha\cos\alpha + k_6\sin^2\alpha)$，$B = 3(k_7\cos^3\alpha + k_8\cos^2\alpha\sin\alpha + k_9\cos\alpha\sin^2\alpha + k_{10}\sin^3\alpha)$，有

$$f''_\alpha(\rho) = A + 2B\rho \quad (5\text{-}14)$$

根据边缘点是二阶导数过零点的定义，令 $f''_\alpha(\rho) = 0$，求得

$$\hat\rho = -\frac{A}{2B} \quad (5\text{-}15)$$

将式（5-13）、（5-15）代入式（5-16），就能求得边缘点的亚像素位置。

$$\begin{cases} x = x_i + 0.5 + \hat\rho\cos\alpha \\ y = y_i + 0.5 + \hat\rho\sin\alpha \end{cases} \quad (5\text{-}16)$$

式中，(x, y) 为边缘的亚像素坐标；(x_i, y_i) 为边缘的像素坐标。

（1）2D Facet 模型的拟合　2D Facet 模型描述了一个二元三次的曲面，在用最小二乘法拟合三次曲面时，为了避免解方程组时出现病态系数矩阵，先用正交多项式组作基底来重构多项式。

在窗口 $N\times N$ 内，$\{P_1(x,y), P_2(x,y), \cdots, P_n(x,y)\}$ 为一组 2-D 正交多项式基函数，则式（5-9）重构为

$$f(x,y) = \sum_{i=1}^n c_i P_i(x,y) \quad i = 1, 2, \cdots, n \quad (5\text{-}17)$$

式中，c_i 为拟合系数；P_i 为基底函数。

2-D 正交基函数可以通过 2 个 1-D 正交多项式集的张量积来生成。本节选用一维 Chebyshev 多项式集合作为 1-D 基底函数。

设离散索引集 $R = \{-r, -r+1, \cdots, 0, \cdots, r-1, r\}$，设 $P_n(r)$ 为第 n 阶多项式，令

$$\begin{cases} P_n(r) = r^n + a_{n-1}r^{n-1} + \cdots + a_1 r + a_0 \\ P_0(r) = 1 \end{cases}$$

$P_n(r)$ 必须与除它自身以外的其他基底函数正交，则可得到 n 个方程，即

$$\sum_{r \in R} (r^n + a_{n-1}r^{n-1} + \cdots + a_1 r + a_0)P_k(r) = 0 \quad k = 0, 1, \cdots, n-1$$

解以上方程，可以得到以下递推公式

$$\begin{cases} P_{i+1}(r) = rP_i(r) + \beta_i P_{i-1}(r) \\ P_0(r) = 1 \\ P_1(r) = r \end{cases} \tag{5-18}$$

式中，$\beta_i = \dfrac{\sum\limits_{r \in R} rP_i(r)P_{i-1}(r)}{\sum\limits_{r \in R} P_{i-1}^2(r^2)}$。

由于式（5-12）最高次是三次，所以只用前 4 个正交多项式来构建，即 $P_0(r) = 1$，$P_1(r) = r$，$P_2(r) = r^2 - \dfrac{\mu_2}{\mu_0}$，$P_3(r) = r^3 - \dfrac{\mu_4}{\mu_2}r$，其中 $\mu_k = \sum\limits_{s \in R} s^k$。

对拟合窗口 $N \times N$，设 $x = y = \{-m, -m+1, \cdots, 0, \cdots, m-1, m\}$，$m = \dfrac{N-1}{2}$，则定义在 x 和 y 上两个 1-D 正交多项式组分别为 $\{1, x, x^2 - \dfrac{\mu_2}{\mu_0}, x^3 - \dfrac{\mu_4}{\mu_2}x\}$、$\{1, y, y^2 - \dfrac{\mu_2}{\mu_0}, y^3 - \dfrac{\mu_4}{\mu_2}y\}$，这两个多项式组做张量积运算，忽略高于三次的多项式，得到 2-D 正交多项式组为 $\{1, x, y, x^2 - \dfrac{\mu_2}{\mu_0}, xy, y^2 - \dfrac{\mu_2}{\mu_0}, x^3 - \dfrac{\mu_4}{\mu_2}x, \left(x^2 - \dfrac{\mu_2}{\mu_0}\right)y, \left(y^2 - \dfrac{\mu_2}{\mu_0}\right)x, y^3 - \dfrac{\mu_4}{\mu_2}y\}$，其中 $\mu_k = \sum\limits_{s=-m}^{m} s^k$。

则式（5-17）可以表达为

$$f(x,y) = c_1 + c_2 x + c_3 y + c_4\left(x^2 - \frac{\mu_2}{\mu_0}\right) + c_5 xy + c_6\left(y^2 - \frac{\mu_2}{\mu_0}\right) + c_7\left(x^3 - \frac{\mu_4}{\mu_2}x\right)$$
$$+ c_8\left(x^2 - \frac{\mu_2}{\mu_0}\right)y + c_9\left(y^2 - \frac{\mu_2}{\mu_0}\right)x + c_{10}\left(y^3 - \frac{\mu_4}{\mu_2}y\right) \tag{5-19}$$

在拟合窗口 $N \times N$ 内，用最小二乘法求取拟合系数 c_i，即

$$\varepsilon^2 = \sum_{(x,y) \in N \times N} [f(x,y) - I(x,y)]^2 \tag{5-20}$$

其中 $I(x, y)$ 表示窗口 $N \times N$ 内的像素灰度。若使 ε^2 最小，需 ε^2 对 c_i 求偏导，并令其为 0，则有

$$c_i = \frac{\sum\limits_{(x,y \in N \times N)} P_i(x,y)I(x,y)}{\sum\limits_{(x,y \in N \times N)} P_i^2(x,y)} \quad i = 1,2,\cdots,10 \tag{5-21}$$

式（5-21）表明系数 c_i 可通过对图像 $I(x,y)$ 进行卷积运算获得。卷积模板的大小为 $N \times N$，与像素 (x,y) 相对的模板通过式（5-22）计算

$$w_i = \frac{P_i(x,y)}{\sum\limits_{(x,y \in S)} P_i^2(x,y)} \quad i = 1,2,\cdots,10 \tag{5-22}$$

对于 5×5 拟合窗口，由式（5-22）计算 $c_1 \sim c_{10}$ 的 10 个模板如图 5-18 所示。

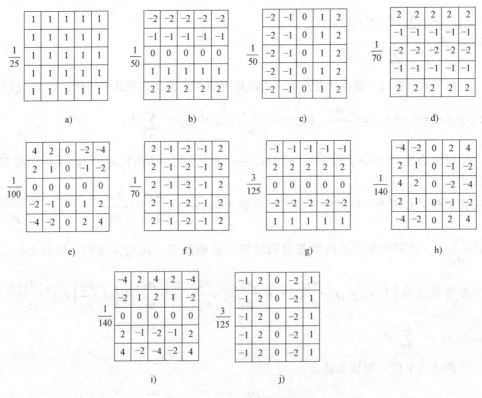

图 5-18　5×5 卷积模板

a) c_1　b) c_2　c) c_3　d) c_4　e) c_5　f) c_6　g) c_7　h) c_8　i) c_9　j) c_{10}

（2）拟合窗口确定　由于式（5-19）中的系数为 10 个，窗口大小至少为 5×5，同时窗口尺寸过大，曲面拟合精度降低，计算量增大。本节选用 5×5、7×7、9×9 拟合窗口提取图 5-19 所示量块的部分边缘。

提取的亚像素边缘如图 5-20 所示，经过位置误差补偿后的边缘如图 5-21 所示，边缘上的点到拟合直线（由经过位置误差补偿的边缘点拟合）的距离分布如图 5-22 所示，各像素边缘点拟合灰度与实际灰度之差的分布如图 5-23 所示。使用三种拟合

窗口的计算时间见表5-4。

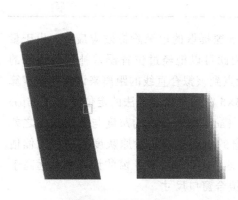

图 5-19 量块图像

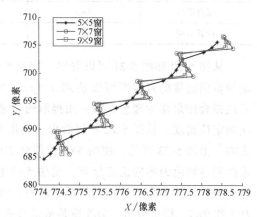

图 5-20 亚像素边缘

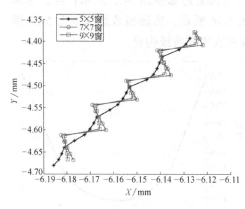

图 5-21 位置误差补偿后的边缘

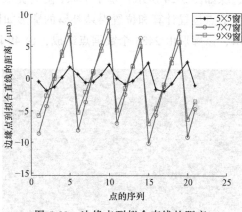

图 5-22 边缘点到拟合直线的距离

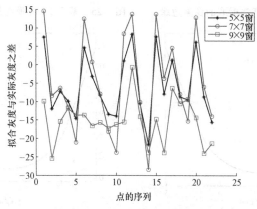

图 5-23 拟合灰度与实际灰度之差

表 5-4　三种拟合窗口的计算时间　　　　　　　　　（单位：ms）

拟合窗口	5×5	7×7	9×9
计算时间	20	35	55

从图 5-20 和图 5-21 可以看出，使用 5×5 窗提取的边缘阶梯效应最小。由于量块测量面边缘的直线度可以达到 0.5μm，因此可以把经过位置误差补偿的边缘的直线拟合结果作为理想直线，用提取的边缘点到该拟合直线的距离来评价亚像素算法的定位精度。从图 5-22 可以看出，使用 5×5 窗的亚像素算法的定位精度在 ±5μm 之内。由图 5-23 可见，使用 5×5 窗拟合 2D Facet 模型计算的灰度与实际灰度之差近似满足均值为零的正态分布，说明 5×5 窗的曲面拟合是对原灰度的一种无偏估计，拟合计算不会产生较大的系统误差。由表 5-4 可知，5×5 窗的计算效率远高于 7×7 和 9×9。综上分析，5×5 窗是最适合的拟合窗口尺寸。

（3）改进算法与传统 Facet 曲面拟合算法的对比　使用 Canny 算法提取的像素边缘如图 5-24 所示；基于 Facet 模型提取的亚像素边缘如图 5-25 所示；经过轮廓型值点位置计算和位置误差补偿的廓形如图 5-26 所示；廓形拟合结果如图 5-27 所示，该廓形由 2483 个数据点组成，由 49 段三次拟合曲线构成。

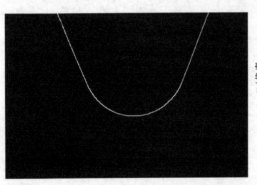

图 5-24　使用 Canny 算法提取的像素边缘

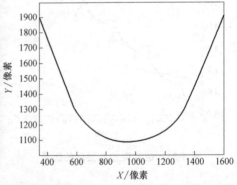

图 5-25　基于 Facet 模型提取的亚像素边缘

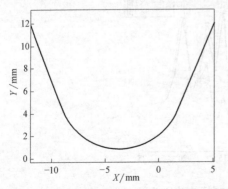

图 5-26　经过位置计算和位置误差补偿的廓形

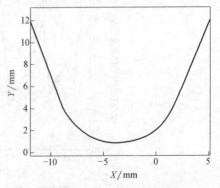

图 5-27　廓形拟合的结果

5.3.4 测量结果分析

本节用 G-90CS 三坐标测量机和机器视觉测量系统分别对样板廓形进行测量，对这两种方法的测量结果进行分析对比。

为了实现两种测量结果的精确对比，必须使两种测量基准统一，但在实际测量中很难做到高精度的基准统一。虽然这两种方法都是以 A 面、B 面作为基准来测量的，但由于测量机理不同，两种测量都存在一定误差，分别建立的测量基准点 O_c 不可能绝对重合；三坐标测量是将 A 面、B 面在测量平台的投影直线作为测量基准轴，而机器视觉测量是将 A 面、B 面成像边缘的拟合直线作为基准轴，两种测量方法的基准轴存在一定的角度误差。

以基准面 A、基准面 B 和测量平台的交点为坐标原点 O_{c1}，以基准面 A 在测量平台的投影作为 Y_{c1} 轴，建立三坐标测量的基准坐标系为 $X_{c1}O_{c1}Y_{c1}$。以基准面 A 成像边缘的拟合直线作为坐标系的 Y_{c2} 轴，以两条拟合直线的交点 O_c 为坐标原点 O_{c2}，建立机器视觉测量的基准坐标系，两者之间的关系如图 5-28b 所示。$X_{c2}O_{c2}Y_{c2}$ 中的一点 $(a，b)$ 在坐标系 $X_{c1}O_{c1}Y_{c1}$ 中的坐标为

$$\begin{cases} a' = (a+\delta\cos\alpha)\cos\theta + (b+\delta\sin\alpha)\sin\theta \\ b' = -(a+\delta\cos\alpha)\sin\theta + (b+\delta\sin\alpha)\cos\theta \end{cases}$$

整理后为

$$\begin{cases} a' = a\cos\theta + b\sin\theta + \delta\cos(\theta+\alpha) \\ b' = -a\cos\theta + b\sin\theta + \delta\sin(\theta-\alpha) \end{cases}$$

式中，θ 为坐标轴间的夹角；α 为 O_{c2} 与 X_{c1} 之间的夹角；δ 为基准点 O_{c1} 与 O_{c2} 之间的距离，最大可达 $7.9\mu m$。

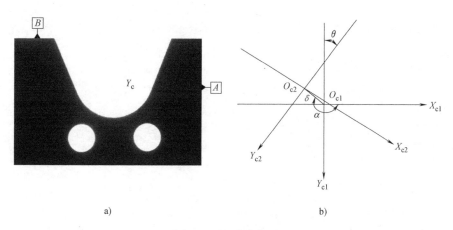

a)   b)

图 5-28 基准坐标系

a）基准面 b）视觉测量的基准坐标系

如果 θ 可以忽略不计，点 (a, b) 与其坐标转换后的点 (a', b') 的距离为 δ。由此可见，不考虑两种基准之间的误差，直接进行比较，同一点的差值将会超过 $5\mu m$。

为了使两种测量的基准尽可能地重合，用三坐标测量机在同一高度扫描 A 面、B 面，将 A 面扫面点的拟合直线作为 Y_c 轴，以两条拟合直线的交点为坐标原点 O_c 建立基准坐标系。将三坐标测量结果变换到该坐标系下，然后手动微调，使两个测量结果尽可能地逼近。坐标调整后，两种测量的对比结果如图 5-29 所示，两种方法的测量结果重合度较好。

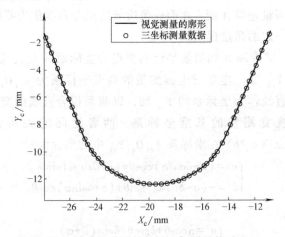

图 5-29 机器视觉测量与三坐标测量的对比

参 考 文 献

［1］ 谢永杰，智贺宁. 基于机器视觉的图像识别技术研究综述［J］. 科学技术创新，2018（7）：74-75.

［2］ 文少波，赵振东. 新能源汽车及其智能化技术［M］. 南京：东南大学出版社，2017.

［3］ STEGER C，ULRICH M，WIEDEMANN C. Machine Vision Algorithms and Applications［M］. Berlin：Wiley-VCH，2007.

［4］ 高宏伟，张大兴，何西平，等. 电子封装工艺与装备技术基础教程［M］. 西安：西安电子科技大学出版社，2017.

［5］ 夏家群，马文会，何屏. 节能监测技术［M］. 北京：冶金工业出版社，2016.

［6］ 廖强，周忆，米林，等. 机器视觉在精密测量中的应用［J］. 重庆大学学报（自然科学版），2002（6）：1-4.

［7］ 李毅萱. 基于计算机视觉图像精密测量的关键技术研究［J］. 工程技术（全文版），2016（11）：276.

［8］ 赵小川. 机器人技术创意设计［M］. 北京：北京航空航天大学出版社，2013.

［9］ 徐佳露，贺福强，管琪明，等. 基于遗传算法的光照自适应精密轴承尺寸检测系统［J］. 组合机床与自动化加工技术，2019（5）：68-72.

［10］ 支姗. 中小模数齿轮视觉测量方法与齿距测量技术研究［D］. 沈阳：沈阳工业大学.

［11］ 王宁. 齿轮视觉测量系统与齿廓测量技术研究［D］. 沈阳：沈阳工业大学.

［12］ 于起峰，尚洋. 摄像测量学原理与应用研究［M］. 北京：科学出版社，2009.

［13］ 赵萍. 基于机器视觉的砂轮廓形测量系统研究［D］. 沈阳：沈阳工业大学，2013.

［14］ 罗钧，侯艳，付丽. 一种改进的灰度矩亚像素边缘检测算法［J］. 重庆大学学报（自然科学版），2008，31（5）：549-552，586.

［15］ 刘亚威，杨丹，张小洪. 基于空间矩的亚像素边缘定位技术的研究［J］. 计算机应用，2003，23（2）：47-49.

［16］ JIANG M，MA N. Sub-pixel edge detection method based on Zernike moment［C］// The 27th Chinese Control and Decision Conference Qingdao：IEEE，2015.

［17］ SHANG Y C，CHEN J，TIAN J W. The study of sub-pixel edge detection algorithm based on the function curve fitting［C］//2010 2nd International Conference on Information Engineering and Computer Science. Wuhan：IEEE，2010.

［18］ 安岗. CCD 光学成像系统的点扩散函数及其在亚像素边缘定位中的应用［D］. 长春：吉林大学，2008.

［19］ 李云，夏若安. 基于曲线拟合的亚像素边缘检测［J］. 重庆科技学院学报（自然科学版），2008（6）：82-84.

［20］ 尚雅层，陈静，田军委. 高斯拟合亚像素边缘检测算法［J］. 计算机应用，2011（1）：179-181.

［21］ 马睿，曾理，卢艳平. 改进的基于 Facet 模型的亚像素边缘检测［J］. 应用基础与工程科学学报，2009（2）：296-302.

［22］ 李帅，卢荣胜，史艳琼，等. 基于高斯曲面拟合的亚像素边缘检测算法［J］. 工具技术，2011（7）：79-82.

［23］ 刘健，陈厚军，段振云，等. Bertrand 共轭曲面基本原理研究［J］. 大连理工大学学报，2006，46（2）：212-219.

［24］ 吴俊芳，刘桂雄. 图像边缘过渡区的数学表征方法研究［C］//2010 中国仪器仪表学术、产业大会（论文集1），2010.

［25］ 冯涛，周祖安，刘其真. 基于局部复杂度的图像过渡区处理研究［J］. 中国图象图形学报，2008，13（10）：1894-1897.

［26］ 赵萍，蔡清华，赵文珍. 一种适用于高精度视觉测量的边缘检测方法［J］. 制造业自动化，2015（6）：1-4，9.

［27］ 段振云，王宁，赵文辉，等. 基于点阵标定板的视觉测量系统的标定方法［J］. 光学学报，2016，36（5）：143-151.

［28］ 赵文辉，赵萍，段振云，等. 微米级机器视觉系统中随机误差与系统误差的研究［J］. 组合机床与自动化加工技术，2013（9）：108-110，114.

［29］ 杨建西，林海波. 面向机油泵零件关键尺寸的机器视觉测量［J］. 组合机床与自动化加工技术，2019（6）：54-57.

［30］ 周龙. 汽车发动机连杆表面缺陷机器视觉检测系统［D］. 杭州：浙江工业大学，2005.

［31］ 吴卫. 基于机器视觉的机械零件检测与识别系统设计［D］. 上海：东华大学，2010.

［32］ 曹青媚. 人脸识别技术的研究［J］. 科技传播，2014（12）：227-228.

［33］ 段振云，王宁，赵文珍，等. 基于高斯积分曲面拟合的亚像素边缘定位算法［J］. 仪器仪表学报，2017（1）：219-225.